高等职业教育新目录新专标
电子与信息大类教材

U0149970

智能识别系统实现实训

何 婕 廖 庆 主 编

刘 莹 马庆祥 王忠萌

黄 毅 邓 志 副主编

应文俊 主 审

电子工业出版社
Publishing House of Electronics Industry
北京 · BEIJING

内 容 简 介

智能识别系统是随着计算机信息技术发展和新一代人工智能技术出现的,是计算机网络系统的一种最新应用形式。智能识别系统建设是一个涉及人工智能技术应用、软件开发、计算机信息系统集成、项目管理、计算机网络系统运行维护等多种专业知识与技能综合运用的过程。本教材以一个智能图像识别系统的建设为例,通过详细地介绍如何进行系统的规划设计,如何操作使用智能图像传感设备,如何搭建图像分析与应用支撑平台,如何开发图像识别相关应用软件,如何完成系统集成与部署,如何做好系统的运行维护,使读者全面了解智能识别系统的建设过程和主要工作内容,准确把握完成各项关键工作需要具备的专业知识与专业技能。

本教材以活页式教材的形式展示各章节内容,并附有大量行业实际应用案例,可以作为应用型本科、高职高专院校人工智能技术应用专业及相关专业的教材,也可以作为人工智能技术开发人员自学和阅读书籍。

图书在版编目(CIP)数据

智能识别系统实现实训 / 何婕,廖庆主编. —北京:电子工业出版社,2023.7
ISBN 978-7-121-45863-7

Ⅰ. ①智… Ⅱ. ①何… ②廖… Ⅲ. ①智能技术—应用—图像识别—高等学校—教材 Ⅳ. ①TP391.413

中国国家版本馆 CIP 数据核字(2023)第 116545 号

责任编辑:左 雅
印　　刷:三河市君旺印务有限公司
装　　订:三河市君旺印务有限公司
出版发行:电子工业出版社
　　　　　北京市海淀区万寿路 173 信箱　邮编:100036
开　　本:787×1092　1/16　印张:15　字数:384 千字
版　　次:2023 年 7 月第 1 版
印　　次:2023 年 7 月第 1 次印刷
定　　价:49.00 元

凡所购买电子工业出版社图书有缺损问题,请向购买书店调换。若书店售缺,请与本社发行部联系,联系及邮购电话:(010)88254888,88258888。

质量投诉请发邮件至 zlts@phei.com.cn,盗版侵权举报请发邮件至 dbqq@phei.com.cn。

本书咨询联系方式:(010)88254580 或 zuoya@phei.com.cn。

前　言

2021 年 3 月，十三届全国人大四次会议表决通过了《中华人民共和国国民经济和社会发展第十四个五年规划和 2035 年远景目标纲要》。全文共十九篇六十五章，其中，"智能""智慧"相关表述达到 57 处，这表明在当前我国经济从高速增长向高质量发展的重要阶段中，以人工智能为代表的新一代信息技术，将成为我国"十四五"期间推动经济高质量发展、建设创新型国家，实现新型工业化、信息化、城镇化和农业现代化的重要技术保障和核心驱动力之一。在人工智能产业具体内容上，"十四五"规划提出：建设重点行业人工智能数据集，发展算法推理训练场景，推进智能医疗装备、智能运载工具、智能识别系统等智能产品设计与制造，推动通用化和行业性人工智能开放平台建设。

本教材系重庆工商职业学院的首批国家级职业教育教师教学创新团队联合四川华迪信息技术有限公司、四川川大智胜股份有限公司编写的，基于工作过程系统化的人工智能技术应用专业"活页式""工作手册式"系列教材之一。

依托数字工场和省级"双师型"教师培养培训基地，由创新团队成员和企业工程师组成教材编写团队，目的是打造高素质"双师型"教师队伍，深化职业院校教师、教材、教法"三教"改革，探索产教融合、校企"双元"有效育人模式。本教材编写的初衷是为了使人工智能技术应用专业的学生掌握人工智能数据分析核心技术，提高学生们的智能数据应用能力，为进入人工智能及相关领域工作或继续深造奠定基础。

教材体系

重庆工商职业学院联合企业共同开发了面向高等职业教育的"人工智能技术应用专业教材体系"，整套教材体系框架如下。

序号	教材名称	适用专业
1	Python 网络爬虫	大数据技术、人工智能技术应用专业
2	深度学习实践	人工智能技术应用专业
3	智能数据分析与应用	大数据技术、人工智能技术应用专业
4	智能感知技术应用实训	人工智能技术应用专业
5	智能识别系统实现实训	人工智能技术应用专业
6	计算机视觉技术与应用	人工智能技术应用专业

受众定位

本教材可以作为应用型本科、高职高专院校人工智能技术应用专业及相关专业的教材，也可以作为人工智能技术开发人员自学和阅读书籍。

教材特色

本教材参考高职高专人工智能技术应用专业教学标准，由教学经验丰富的一线教师和实践经验丰富的企业软件开发工程师组成的教材编写团队编写而成，教材特点如下。

（1）基于 OBE 理念选取教材内容

编写团队以职业素养、编程规范为准则，以课程所需关键知识点和技能点为核心，从行业内知名企业四川川大智胜股份有限公司、四川华迪信息技术有限公司等校企合作单位提供的真实项目中选取适合教学的案例作为教材内容的基本载体。基于 OBE 理念，提高教育教学与岗位技能点的契合度，使学生在理论、技能等方面得到全面提升。

（2）以学习情境和典型工作环节为主线

以学习情境和典型工作环节为主线编写。每个项目首先进行"学习情境描述"，然后确定"学习目标"，最后划分若干个典型工作环节，融入全部知识点。

教材的典型工作任务对照高职高专人工智能技术应用专业教学标准的专业核心课程典型工作任务，相关知识点参考了"智能识别系统实现实训"课程的主要教学内容，做到全覆盖。

（3）"活页式""工作手册式"系列教材的内容设计

编写团队通过问卷调查和师生座谈，了解教与学的需求，充分考虑教师授课的便利性和学生的学习习惯，确定了"活页式""工作手册式"的编写方式，让学生在使用中通过记录、反思等多种方式在理论、技能等方面得到全面提升。

（4）配套丰富教学资源，引入 1+X 职业技能等级证书技能点

在教材编写之初同步打造一体化配套教学资源，包括微课视频、教案、课件、源代码等；在线测试极大提升教材可读性，为学习者创造自主学习环境。教材知识点对应人工智能技术应用专业简介中列举的人工智能数据处理职业技能等级证书等多个职业技能等级证书的技能点。

教材概况

本教材从智能识别系统的基本结构和建设过程入手，基于智能识别系统的软硬件构成，详细介绍智能识别系统建设过程中需要开展的各项关键活动及其工作流程，以及完成这些活动涉及的专业知识与技能。本教材分为导言和 6 个单元。

导言：介绍了本课程性质与背景、工作任务、学习目标、学习组织形式与方法等。通过本章的学习，读者可以对本课程有个基本的了解。单元 1：主要介绍如何根据用户需求进行智能图像识别系统解决方案设计。单元 2：围绕图像传感设备在智能图像识别系统

中的作用，详细介绍二维及三维图像的区别，以及如何使用不同的图像传感设备完成不同类型图像数据的采集工作。单元 3：主要介绍在搭建智能图像识别系统的图像分析与应用支撑平台时，经常会用到的各类服务器及其选型方法。单元 4：主要介绍在建设智能图像识别系统的过程中，如何围绕前端感知设备的图像数据采集、后台识别服务器的各项对外服务，以及用户的业务需要，完成不同类型的应用软件开发任务。单元 5：主要介绍智能图像识别系统如何开展集成与部署工作。单元 6：介绍智能图像识别系统运行维护工作的主要内容。

本教材的编写参照了 1+X 职业技能等级证书标准，教材中的技能知识点和职业技能等级证书标准对应关系如附录"《智能识别系统实现实训》1+X 对照表"所示。

编写团队

本教材由何婕（重庆工商职业学院副教授，国家开放大学优秀青年教师，重庆市高职院校职业技能竞赛优秀指导教师，国家"双高计划"高水平专业群、首批国家级职业教育教师教学创新团队、国家骨干高职院校软件技术专业核心成员）、廖庆（四川华迪信息技术有限公司）担任主编，应文俊（上海交通大学教授、博导）担任主审。本教材副主编均具有丰富的人工智能教学实践经验，5 年以上的人工智能、大数据开发企业工作经验。具体编写分工如下：导言由重庆工商职业学院刘莹编写，单元 1 由重庆工商职业学院马庆祥编写，单元 2 和单元 3 由何婕编写，单元 4 由廖庆编写，单元 5 由重庆工商职业学院刘莹和四川华迪信息技术有限公司黄毅共同编写，单元 6 由重庆工商职业学院王忠萌、四川华迪信息技术有限公司邓志共同编写。

由于编者水平有限，教材中难免存在不妥之处，敬请读者批评指正。

编　者

目　　录

导　言

导言　微课视频

1. 课程性质描述

"智能识别系统实现实训"是一门关于 AI 技术与产品系统化综合应用、融理论和实践于一体的工学结合课程，是人工智能技术应用专业的职业核心课程。本课程通过详细剖析智能识别系统的基本结构、工作原理、关键组成部分及建设过程，让学生通过案例学习依次完成智能识别系统建设各项核心工作，力求使学生全方位掌握与智能识别系统构建与运行紧密相关的专业知识与职业能力。本课程的主要内容包括智能识别系统解决方案设计、智能传感设备选型与安装配置、智能识别系统应用支撑平台构建、智能识别应用软件开发、智能识别系统集成与运行维护等。课程实施将采用理论与实践一体化教学理念，以 Python 和 B/S（或 C/S）架构应用软件开发为基础安排课程实验，使学生同时具备智能识别系统开发、实施、集成、部署、运维的能力。

适用专业：软件开发、人工智能技术应用。

开设课时：72。

建议课时：72。

2. 典型工作任务描述

智能识别系统是一种以智能感知技术、数据分析技术为支撑，利用各种专用传感器、信息处理设备和应用软件，自动完成与工作对象属性或行为相关的信息采集、处理和分析，以实现对工作对象属性或行为进行准确识别这一核心智能化应用的计算机信息系统。虽然智能识别系统从本质上讲依然是一种计算机信息系统，但与传统的计算机信息系统相比，它更加强调使用智能技术（如物联网、云计算、移动互联网、大数据、AI 等）实现信息处理过程（信息的输入、处理和输出）的智能化，更加强调利用智能识别结果提升业务应用智能化水平。

与计算机信息系统建设相类似，智能识别系统的建设从了解用户的应用需求开始，一直到将系统建设好交付给用户使用时结束，其过程通常也可划分为：系统规划设计、系统建设、系统交付运行三个阶段。从系统建设方的角度来看，智能识别系统建设涉及的典型工作任务包括：用户需求调研与整理、系统解决方案设计、系统建设方案设计、项目团队组建、硬件设备选型与采购、应用软件开发、系统集成、系统部署与试运行、系统验收与交付、系统运行维护，如图 0-1 所示。

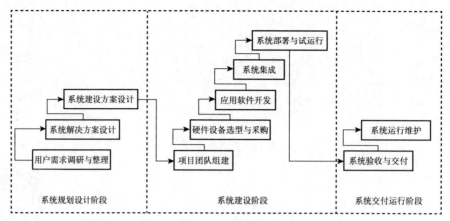

图 0-1 智能识别系统建设典型工作任务

3. 课程学习目标

本课程内容涵盖了对学生在"专业知识"、"专业技能"和"职业素质"三个方面的培养，通过本课程的学习，学生应该能够：

（1）专业知识方面

①正确理解智能识别系统的概念及用途。

②掌握智能识别系统的基本结构与工作原理。

③知道构成智能识别系统智能感知子系统、分析识别子系统的关键软硬件设备及其主要技术参数。

④知道智能识别系统的建设过程和主要工作内容。

⑤知道影响智能识别系统正常运行的重要因素。

（2）专业技能方面

①能够基于调研和用户访谈整理智能识别系统建设用户需求。

②能够基于用户需求完成智能识别系统解决方案设计。

③熟练掌握智能识别系统逻辑架构图、网络拓扑图绘制方法。

④能够根据图像数据采集要求完成图像传感设备的选型工作。

⑤熟练掌握图像传感设备的工作参数设定方法，并按要求正确操作图像传感设备完成图像数据采集任务。

⑥能够根据智能图像识别应用支撑平台建设要求完成数据库服务器、应用服务器、智能识别服务器的选型工作。

⑦熟练掌握数据库服务器、应用服务器、智能识别服务器操作系统、基础软件安装流程和工作参数设定方法，并按要求完成智能识别应用支撑平台硬件环境搭建。

⑧熟练掌握智能识别系统应用软件开发工作流程，并按要求完成开发工作。

⑨熟练掌握智能识别系统集成与部署工作流程，并按要求完成系统集成与部署。

⑩熟练掌握智能识别系统运行维护工作流程和常见软硬件故障诊断处理方法。

（3）职业素质方面

①具备参与智能识别系统设计工作的能力。

②能够独立完成常用图像传感设备的配置、操作使用与日常维护。

③能够独立完成常用图像数据处理服务器、应用服务器的配置、安装与日常维护。

④能够参与智能图像识别系统应用软件开发。

⑤能够参与智能识别系统集成与部署工作。

⑥具备团队工作意识，能够与小组其他成员通力合作，实现团队工作目标。

4. 学习组织形式与方法

亲爱的同学，欢迎你开始"智能识别系统实现实训"课程的学习。

与传统教材相比，这本活页式教材是一种全新的学习材料，它不仅能够帮助你更好地理解人工智能技术的具体应用方式，还能让你通过亲身实践智能识别系统建设过程中的典型工作任务，培养自己的职业能力，使你有可能在短时间内成为智能识别系统建设的技术能手。

在正式开始学习之前请仔细阅读以下内容，了解即将开始的全新教学模式，做好相应的学习准备。

（1）主动学习

在学习过程中，你将获得与以往完全不同的学习体验，你会发现本课程与传统课堂以讲授为主的教学有着本质的区别——你是学习的主体，自主学习将成为本课程的主旋律。工作能力的获得，不仅要依靠教师的知识传授与技能指导，更要通过自己的亲自实践，只有在工作过程中获得的知识才是最为牢固的。智能识别系统建设与运行涉及很多工作任务，要想充分了解每项工作任务的目标、内容，并掌握完成任务的最佳方式，成为一名智能识别系统建设技能型人才，你必须主动、积极、亲自去经历完成任务的整个过程，通过完成典型工作任务掌握最佳工作方法，充实自己的专业技能。同时，主动学习将伴随你的职业生涯成长，它可以使你快速适应新方法、新技术。

（2）用好工作活页

首先，你要深刻理解学习情境的每一个学习目标，利用这些目标指导自己的学习并评价自己的学习效果；其次，你要明确学习内容的结构，在引导问题的帮助下，尽量独立地去学习并完成包括填写工作活页内容等整个学习任务；同时你可以在教师和同学的帮助下，通过互联网查阅智能识别系统的基本概念、关键实现技术与产品、主流应用方式等相关资料，学习与构建智能识别系统密切相关的重要工作过程知识；再次，你应当积极参与小组讨论，去尝试解决复杂和综合性的问题，进行工作质量的自检和小组互检，并注意工作过程的规范化，在多种技术实践活动中形成自己的技术思维方式；最后，在完成一个工作任务后，反思是否有更好的方法或能用更少的时间来完成工作目标。

（3）团队协作

课程的每个学习情境都是一个完整的工作过程，大部分的工作需要团队协作才能完成，教师会帮助大家划分学习小组，但要求各小组成员在组长的带领下，制订可行的学习和工作计划，并合理安排学习与工作时间，分工协作，互相帮助，互相学习，广泛开展交流，大胆发表你的观点和见解，按时、保质保量地完成任务。你是小组的一员，你的参与与努力是团队完成任务的重要保证。

（4）把握好学习过程和学习资源

学习过程是由学习准备、计划与实施和评价反馈所组成的完整过程。你要养成理论与实践紧密结合的习惯，教师引导、同学间交流、学习中的观察与独立思考、动手操作和评价反思都是专业技术学习的重要环节。

学习资源可以参阅每个学习情境的相关知识和相关案例。此外，你也可以通过互联网等途径获得更多的专业技术信息，这将为你的学习和工作提供更多的帮助和技术支持，拓展你的学习视野。

预祝你学习取得成功，早日成为智能识别系统建设技术能手！

5. 学习情境设计

为了完成智能识别系统建设过程中的典型工作任务，我们安排了如表 0-1 所示的学习情境。

表 0-1　学习情境设计

序号	学习情境	学习任务简介	学时		
			理论	实践	小计
1	智能识别系统解决方案设计	通过调研和访谈，进行智能识别系统用户需求分析，并在此基础上完成用户需求整理和系统解决方案设计	8	4	12
2	使用数字成像设备获取图像数据	以高清数字摄像机为图像传感器，为智能图像识别系统采集需要的图片和视频；用三维人脸照相机完成三维人脸采集建库工作	6	6	12
3	搭建智能图像识别系统数据分析与应用支撑平台	如何确定系统建设所需配置的服务器种类，如何确定各类服务器的配置数量和关键技术参数要求，以及在此基础上如何对服务器配置方案进行优化	6	6	12
4	开发智能图像识别应用软件	围绕人脸图像采集设备和人脸识别服务器这两个人脸识别系统的关键设备，详细介绍人脸图像数据的采集与管理、人脸注册数据库的建立、基于视频图像的人脸识别等应用软件开发过程，并编程实现三维人脸采集管理模块和动态人脸识别模块	6	10	16
5	智能图像识别系统集成与部署	根据系统集成工作流程，完成人脸识别系统软硬件集成工作；根据系统部署工作流程，完成人脸识别系统部署工作方案编制，并掌握系统测试的目的和作用	4	4	8
6	智能图像识别系统运行维护	根据设备维护手册，开展人脸识别系统日常巡检工作，做好巡检记录；同时，对系统在运行过程中出现的人像采集设备故障、后台服务器故障、应用软件故障进行诊断和排除	6	6	12
课程学时合计			36	36	72

6. 学业评价

针对每个学习情境，教师对学生的学习情况和任务完成情况进行评价。表 0-2 为各学习情境的评价权重，表 0-3 为对每个学生进行学业评价的参考表格。

表 0-2　学习情境评价权重

序号	学习情境	权重
1	智能识别系统解决方案设计	20%
2	使用数字成像设备获取图像数据	15%
3	搭建智能图像识别系统数据分析与应用支撑平台	15%
4	开发智能图像识别应用软件	20%
5	智能图像识别系统集成与部署	15%
6	智能图像识别系统运行维护	15%
合计		100%

表 0-3　学业评价表

学号	姓名	学习情境 1.1	学习情境 2.1	……	学习情境 6.2	总评

单元 1 智能识别系统解决方案设计

教学导航

知识重点	1.智能识别系统基本概念 2.智能识别系统的基本结构与工作原理 3.常见的智能识别应用系统类型 4.智能识别系统的建设过程
知识难点	1.系统架构和工作原理的可视化描述 2.系统解决方案设计 3.系统建设方案设计
推荐教学方法	从计算机信息系统、智能识别技术等概念入手，引导学生了解并掌握智能识别系统的准确含义。同时，结合对智能识别系统一般结构及建设过程的讲解，让学生掌握系统解决方案与系统建设方案的区别，并通过练习，掌握系统总体结构的可视化描述方法
建议学时	12学时
推荐学习方法	从信息处理过程和计算机信息系统的基本结构出发，学习掌握智能识别系统的构成和工作过程；同时，结合智能识别系统的建设过程，正确理解解决方案设计工作的重要作用
必须掌握的理论知识	1.智能识别系统的基本构成与建设过程 2.系统架构和工作原理的可视化描述方法
必须掌握的技能	绘制智能识别系统网络拓扑图

图 1-1　教学导航

学习情境 1.1　编写智能识别系统解决方案

单元 1　微课视频

学习情境描述

　　根据与用户的交流，理解用户在业务管理和业务执行过程中面临的问题，把握用户建设智能识别系统的目的，以及用户对智能识别系统关键功能、关键实现技术的要求，在此基础上制定、提交满足用户需求的智能识别系统解决方案。

学习目标

1. 正确理解智能识别系统的基本概念和作用。
2. 能够正确阐述智能识别系统的一般结构与工作原理。
3. 能够举例说明常见的智能识别应用系统。
4. 能够说出智能识别系统建设过程中的主要工作内容。
5. 正确理解系统解决方案在智能识别系统建设过程中的重要作用。

任 务 书

1. 通过用户调研与交流，了解用户建设智能识别系统的目的、目标，对系统主要功能的期望，希望系统建成运行后能够解决哪些关键问题，等等，并在此基础上整理出用户需求文档。

2. 从智能识别系统的一般结构与工作原理出发，编制、提交满足用户需求的智能识别系统解决方案。

获取信息

引导问题 1：掌握智能识别系统基本概念。
（1）什么是智能识别系统？
_____
_____
（2）智能识别系统的作用是什么？
_____
_____
（3）智能识别系统与传统的计算机信息系统有何不同？
_____
_____

引导问题 2：了解智能识别系统的基本结构。
（1）智能识别系统通常由哪些子系统构成？
_____
_____
（2）感知子系统的主要功能是什么？
_____
_____
（3）数据处理子系统的主要功能是什么？
_____
_____
（4）业务应用子系统的主要功能是什么？
_____
_____

引导问题 3：举例说明常见的智能识别应用系统。
（1）说出一种常见的智能图像识别应用系统，并画出其基本结构图。
_____
_____
（2）说出一种常见的智能语音识别应用系统，并画出其基本结构图。
_____
_____

引导问题 4：正确理解用户需求。

（1）什么是用户需求？

_____

_____

（2）建设智能识别系统用户需求文档必须包含哪些关键内容？

_____

_____

引导问题 5：了解智能识别系统建设过程。

（1）一个智能识别系统的建设过程通常包含哪些工作内容？

_____

_____

（2）什么是智能识别系统解决方案？它的作用是什么？

_____

_____

（3）智能识别系统解决方案与智能识别系统建设方案有何不同？

_____

_____

（4）智能识别系统解决方案必须包含哪些关键内容？

_____

_____

工作计划

1. 制定工作方案

表 1-1　工作方案

步骤	工作内容
1	
2	
3	
4	
5	

2. 确定人员分工

表 1-2　人员分工

序号	人员姓名	工作任务	备注
1			
2			
3			
4			

知识准备

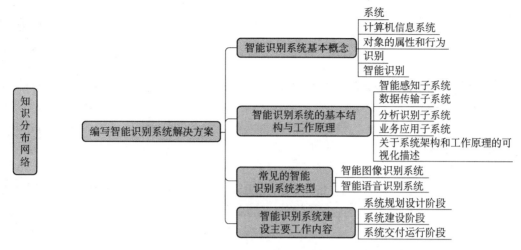

图 1-2   知识分布网络

1.1.1   智能识别系统基本概念

简单地说，智能识别系统是一种以智能感知技术、数据分析技术为支撑，利用各种专用传感器、信息处理设备和应用软件，自动完成与工作对象属性或行为相关的信息采集、处理和分析，以实现对工作对象属性或行为进行准确识别这一核心智能化应用的计算机信息系统。虽然，智能识别系统从本质上讲依然是一种计算机信息系统，但与传统的计算机信息系统相比，它更加强调使用智能技术（如物联网、云计算、移动互联网、大数据、AI 等）实现信息处理过程（信息的输入、处理和输出）的智能化，更加强调利用智能识别结果来提升业务应用智能化水平。下面的一些概念将有助于我们正确认识和理解智能识别系统。

1. 系统

系统是指由相互联系、相互制约的若干组成部分结合而成的、具有特定功能的一个有机整体（集合）。例如，人类的消化系统、城市的供水系统、学校的校园安防视频监控系统等。要正确理解"系统"这个概念，需要关注它的三个基本属性：功能、要素、结构。

首先，任何系统都有其具体的功能，或者说系统都有明确的作用。系统的功能是指系统在与外部环境相互联系和相互作用的过程中表现出来的用途和能力。例如，校园安防视频监控系统的功能是通过全面采集和实时分析校园视频图像，及时发现校园内存在的安全风险或出现的安全事件，协助系统用户有效消除校园安全风险，快速处置各类安全事件。

其次，任何系统都是由若干要素（部分）组成的。这些要素可能是一些设备、器件等个体，也可能其本身就是一个系统或子系统。例如，典型的校园安防视频监控系统通常由监控摄像机、视频传输网络、学校安防智能管理平台、校园警情信息接收终端（如校园安保人员的手机或办公计算机）四部分组成。其中，学校安防智能管理平台又是一个子系统，由各类服务器、存储设备等硬件和视频智能分析、校园警情处置、校园安全态势分析等应用软件共同组成。从更大的范围看，校园安防视频监控系统又是智慧校园系统的一个子系统。

最后，系统都有一定的结构。系统的结构指系统内部各要素之间相对稳定的联系方式、组织秩序及时空关系的内在表现形式。例如，在校园安防视频监控系统中，构成系统的要素包括遍布校园各处的监控摄像机、传输视频图像的校园网、处理视频图像并生成告警信息的学校安防智能管理平台、接收告警信息的安保人员手机。其中，校园监控摄像机是通过视频传输网络与学校安防智能管理平台连接在一起的，这样监控摄像机采集的视频就可以源源不断地送入平台中的视频分析服务器进行分析处理，一旦发现有安全风险或安全事件出现，平台会生成一条告警信息，并通过公用移动通信网络将其发送到校园安保人员的手机上，提醒安保人员立即处置。这种通过校园视频传输网络和公用移动通信网络将监控摄像机、视频分析服务器及安保人员的手机等设备连接在一起，先进行校园视频监控图像分析，再进行校园警情信息发布的系统要素间联系方式及组织秩序就是校园安防视频监控系统的结构。

所以，每当我们想要了解、认识一个系统，或是要把握不同系统的特点时，我们只需要从系统的功能、要素和结构入手进行分析和梳理，就一定能够达到目的。

2. 计算机信息系统

计算机信息系统是指由计算机及其相关的和配套的设备、设施（含网络）构成的，按照一定的应用目标和规则对信息进行采集、加工、存储、传输、检索等处理的人机系统。上面介绍的校园安防视频监控系统就是一个典型的计算机信息系统。首先，它是由各类服务器、存储设备、工作人员计算机和专用摄像机、视频传输网络等"计算机及其相关的和配套的设备、设施（含网络）构成的"。其次，它的建设应用目标是明确的，即通过对影响校园安全的对象（目标）实施全面监视，及时发现校园内存在的安全风险或出现的安全事件，并生成告警信息提醒安保人员进行应对和处置。最后，要实现上述系统建设应用目标，一定要先对影响校园安全的对象（目标）有哪些、什么是校园安全风险及安全事件、如何确认校园安全风险或安全事件已经出现、如何启动校园警情信息生成与发布流程等，给出明确的定义、说明和规则描述，然后不间断地采集、处理和分析与校园安全对象相关的视频信息，从中判断是否有安全风险及安全事件出现，并依据相关规则及时启动告警流程。

3. 对象的属性和行为

属性用以描述对象在某方面的静态表现或性质，是一个对象区别于其他对象的特征；而行为是对象在不同时刻的动态表现。例如，若将进入校园的车辆视为校园安防视频监控系统的监控对象之一，则车辆的类型、车牌号码、车身颜色等就是其基本属性，而车辆在校园内的行驶速度、是否连续鸣笛、是否停放在了规定的位置上等就是该车辆在校园内行驶过程中表现出来的具体行为。

4. 识别

识别即区分、分辨，如人脸识别（基于人的脸部特征信息进行其身份识别的一种生物识别技术）、语音识别（基于说话者的语音生物特征，如语音频率、流量、自然口音等进行其身份识别或理解其说话内容的一种生物识别技术）等。识别活动既可以由人来完成，也可以由计算机系统或某些专用设备来完成。

5. 智能识别

在智能技术（物联网、云计算、移动互联网、大数据、AI 等）应用支撑下，计算机系统或某些专用设备所具备的类似于人类的图像感知识别（视觉）或语音感知识别（听觉）的能力，它包括能够及时感知被识别对象的出现，精准采集其属性或行为信息，能够根据想要达到的目的迅速处理获得的数据，能够按要求的方式及时输出正确的识别结果。例如，现在大部分手机都可通过自带的高清摄像头和图像识别软件，在对操作者进行人脸图像采集后自动识别其是否是该手机的注册用户，以确定是否解除手机锁定状态；也可通过自带的话筒和语音识别软件，将用户的说话内容实时转成控制指令，让手机自动执行某个预设功能，以方便用户使用。凡是带有人脸识别功能或语音识别功能的手机，都可被称为具有智能识别功能的智能化手持终端设备。

在线测试 1.1.1

1.1.2　智能识别系统的基本结构与工作原理

智能识别系统通常由智能感知、数据传输、分析识别、业务应用四个子系统构成，如图 1-3 所示，它们分别对应信息处理过程中的信息采集、信息传输、信息加工分析和信息处理结果应用这四个环节。由此可见，智能识别系统在结构上与传统计算机信息系统是相类似的，都是由信息采集、信息传输、信息加工分析和信息处理结果应用这四大功能单元构成的，这些功能单元相互协同，配合工作，共同完成对被识别对象信息的精准提取和及时处理，最终达到正确辨识被识别对象属性或行为的目的。

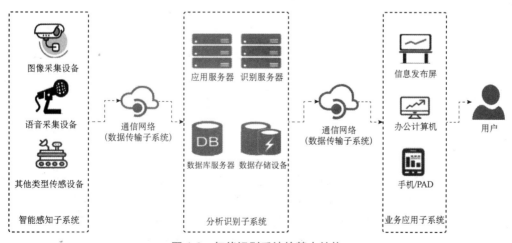

图 1-3　智能识别系统的基本结构

1. 智能感知子系统

根据智能识别系统的应用目标，结合"分析识别子系统"对输入数据在规格和质量方面的具体要求，对体现识别对象属性或行为的相关信息进行捕获和提取，并通过通信网络传送给"分析识别子系统"进行后续处理。

智能识别系统中的智能感知子系统通常由可自动完成数据采集任务的各种智能传感设备、边缘处理设备等构成。

智能传感设备也称智能传感器，通常带有微处理机，具有采集、处理、交换信息的能力，是传感器集成化与微处理机相结合的产物，能够调节系统内部性能以优化外界数据获取能力。与一般传感器相比，智能传感器具有以较低成本实现高精度信息采集、有一定的编程自动化能力、功能多样化等特点。

2. 数据传输子系统（通信网络）

实现智能识别系统中各种硬件设备间的互联互通，为信息和数据在系统内设备间的传输和交换提供安全可靠的通道。

3. 分析识别子系统

接收智能感知子系统传来的数据，利用事先部署的各种智能分析和识别软件对数据进行处理，完成对被识别对象属性或行为的辨识和分类，并将识别结果及时保存供业务应用子系统调用，或通过通信网络传送给业务应用子系统使用。

智能识别系统的分析识别子系统通常由各种能够承担海量数据高效处理分析的高性能计算服务器、存储设备及能够高效完成数据清洗、挖掘、运算和分析任务的专用数据处理分析软件构成。

4. 业务应用子系统

利用识别结果支撑或提供各种智能化管理与服务应用，实现智能化识别系统建设目标。

智能识别系统的业务应用子系统通常由各种应用软件、人机交互终端、专用信息发布展示设备等构成。

5. 关于系统基本结构和工作原理的可视化描述

在实际工作中，为了方便用户和开发人员就系统的建设目标、建设内容快速达成共识，准确理解系统的主要功能和建成交付时的物理形态，在系统规划设计阶段，首先会通过用户调研与访谈，梳理出用户建设智能识别系统的具体要求，撰写成用户需求文档。然后，据此画出系统的逻辑架构图和网络拓扑图，作为对系统基本结构和工作原理的可视化描述，放入系统解决方案中提交给用户参考。

系统逻辑架构图是从系统需要实现的功能入手来描述系统结构的，这些功能既包括用户可见的功能，也包括为实现可见功能必不可少的系统中的隐含功能。首先，通过认真分析智能识别系统建设的用户需求，对系统的建设内容进行分解，并一一转化为信息采集、信息传输、信息加工分析和信息处理结果使用四个方面的功能。然后，根据这些功能之间的依赖及支撑关系，使用层次关系图（通常为3～6层）将系统的功能结构描绘出来。一个校园安防管理系统逻辑架构图如图1-4所示。

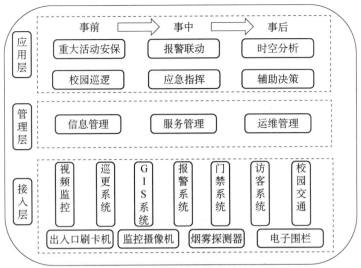

图 1-4　一个校园安防管理系统逻辑架构图

在分析智能识别系统所包含的主要功能时，也可从其实质上就是一个典型的物联网系统来进行分解。典型的物联网系统从功能上可划分为感知层、网络层、平台层、应用层四个层次。其中，感知层主要利用各种智能传感设备和边缘计算设备实现被识别对象相关信息的采集和边缘处理；网络层主要构建用于支撑感知、处理、应用三大功能单元一体化协同运行的通信网；平台层主要基于云计算、大数据融合处理技术实现对前端感知设备的智能管控，完成海量数据的高效实时处理和分析挖掘，为应用层提供智能识别能力与数据共享服务；应用层主要打造基于智能感知与识别服务的各种智能化业务应用。由此可见，物联网系统的四层功能架构实际上也是与一个完整的信息处理过程的四大功能单元结构相一致的。

系统网络拓扑图是表达组成系统的各个子系统及设备之间如何通过通信网络相互连接成为一个整体的一种图形，它更加侧重于体现系统是由哪些具体的设备构成的，同时对这些设备间的连接方式进行形象化的描述。

智能识别系统的系统网络拓扑图既要描述系统中各子系统之间是如何通过通信网络（如公用互联网络、用户专用网络等）相互连接的，还要描述各子系统中的各种设备（如数据采集终端设备、数据处理设备、人机交互终端设备、通信控制设备等）之间是如何通过通信线路（有线、无线）相互连接成为一个整体的。所以，系统网络拓扑图也称为系统网络结构图。一个校园安防管理系统的系统网络拓扑图如图 1-5 所示。

在系统开发和建设过程中，系统逻辑架构图可以指导软件开发人员更好地以"高内聚、低耦合"的原则完成应用软件的设计与实现，而系统网络拓扑图则可以让开发人员更好地关注如何确保系统的可用性、可伸缩性、可维护性。

由此可见，智能识别系统强调对工作对象属性或行为的实时感知和正确辨识。随着 AI 技术的迅速发展和推广应用，各类智能识别系统已经在我们的日常生活中不断涌现出来。有别于传统的信息化系统，智能化系统更加强调通过各种 AI 技术的应用，能够在各种场景下自主作出符合客观规律与人类价值观的最优决策并高效执行。

在线测试 1.1.2

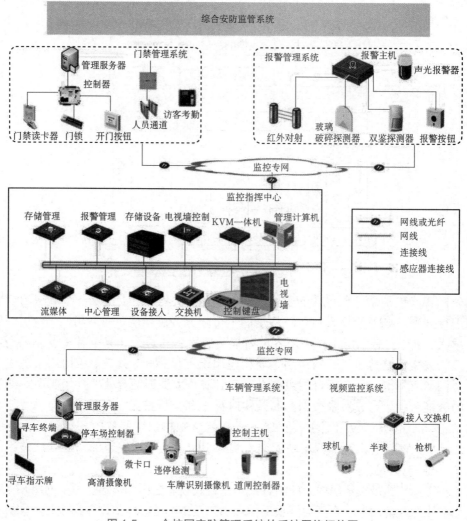

图 1-5　一个校园安防管理系统的系统网络拓扑图

1.1.3　常见的智能识别系统类型

随着人工智能技术的发展和推广应用，目前我们最常看到的智能识别系统就是智能图像识别系统和智能语音识别系统。它们不仅以各种终端设备的面目出现在我们面前，如数码相机、智能手机等，而且还以各种系统的方式深入我们的生活。例如，基于车牌识别的智能停车场管理系统，可实现语音控制的智能家居系统等。

1. 智能图像识别系统

智能图像识别系统是指专门用于完成各类图像识别任务的智能识别系统，通常由图像采集单元、图像处理单元、图像识别结果应用单元及相关的通信网络构成。例如，城市中常见的基于车牌识别的智能停车场管理系统（见图 1-6），通过采集车辆号牌图像，正确识别车牌，结合停车收费管理软件，实现对车辆停放时间、应付停车费用、是否已经支付停车费用的计算和判定。

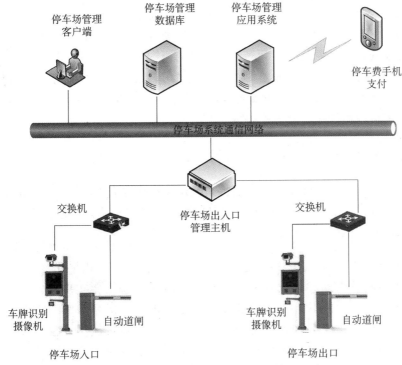

停车场管理
客户端

停车场管理
数据库

停车场管理
应用系统

停车费手机
支付

停车场系统通信网络

交换机

停车场出入口
管理主机

交换机

车牌识别
摄像机

自动道闸

车牌识别
摄像机

自动道闸

停车场入口

停车场出口

图 1-6　基于车牌识别的智能停车场管理系统

2. 智能语音识别系统

语音识别本质上是一种人机交互过程，就是让智能设备或系统将接收到的人类语音信号转变为相应的文本或者命令，以便触发或执行设定好的后续操作。智能语音识别系统就是专门用于完成各类语音识别任务的智能识别系统，它通常由语音采集单元、语音处理单元、语音识别结果应用单元及相关的通信网络构成。

例如，目前家用电器生产商已经推出了基于物联网技术的、可通过语音识别进行管理控制的智能家居系统（见图 1-7），它的核心设备是一个具有联网控制功能的智能家居控制

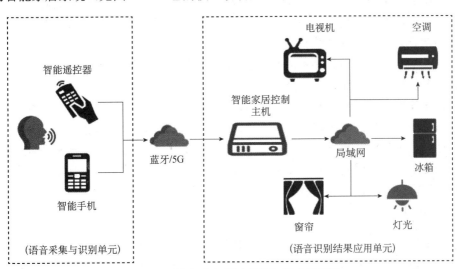

电视机

空调

智能遥控器

智能家居控制
主机

蓝牙/5G

局域网

冰箱

智能手机

窗帘

灯光

（语音采集与识别单元）

（语音识别结果应用单元）

图 1-7　具有语音识别功能的智能家居系统

主机。智能家居控制主机一方面可以对各类家用电器进行统一的接入管理，另一方面又可以与具有语音识别功能的遥控器或手机通信，以实现对各类家用电器的无线或远程智能操作。例如，通过蓝牙智能遥控器的语音识别功能打开电视机、切换频道、调低音量等，在睡觉时关上卧室窗帘、关闭房间灯光等；利用智能手机的语音识别功能，在回家前提前打开空调、设置合适的温度，或是接通家里的监控摄像头、查看视频图像等。

在线测试 1.1.3

1.1.4 智能识别系统建设主要工作内容

从了解用户的建设需求开始，一直到将系统建设好交付给用户使用，智能识别系统的建设过程大致可分为三个阶段：系统规划设计阶段、系统建设阶段、系统交付运行阶段。

1. 系统规划设计阶段

通过与用户沟通交流，了解用户建设智能识别系统的目的和想要解决的实际问题，以及在商务（如建设周期、建设预算等）和技术方面（如主要实现技术、主要设备，系统必须具备的核心功能等）对系统建设的关键要求，完成系统解决方案设计，就系统建设目的、目标、总体架构、关键功能、建设周期、建设投资规模估算与用户达成共识。本阶段的主要工作有：用户需求调研与整理、系统解决方案设计、系统建设方案设计。

（1）用户需求调研与整理：用户需求是制定系统建设规划与建设方案、完成系统验收的关键依据，它的内容一般包括：用户建设该系统的目的、目标、想要解决的主要问题，系统的主要功能和应用场景，以及对关键实现技术、主要设备、建设周期、投资规模等的一些具体要求。

（2）系统解决方案设计：系统解决方案是基于用户想要解决的业务问题和期望实现的系统建设目标，通过选用合适的技术、产品和实现方式，给出的一种既能合理控制系统建设成本、提高系统建设工作效率，又能够有效解决用户面临问题的切实可行的系统建设建议书。系统解决方案是关于系统建设的顶层设计和指导方针，帮助用户构建对系统的整体认识，以便用户更加科学地进行系统建设决策。一旦用户接受了系统解决方案，它将成为系统建设的指导方针和进行系统建设方案设计的依据。系统解决方案的内容一般包括：系统建设目的及主要用途说明、系统的核心功能与关键性能指标说明、系统的总体架构描述、系统包含的主要软件及硬件设备简介等。

（3）系统建设方案设计：基于用户认可的系统解决方案，通过用户现场勘察及进一步交流，在对系统总体架构、关键实现技术再次确认的基础上，对系统包含的各类软件明确其功能、性能指标与所需数量，对所有要用到的硬件设备明确其功能、技术参数和所需数量，对各项施工安装工程明确其具体工作位置、工作内容、技术要求和具体的工作量，最后给出系统软硬件清单、工程量清单及建设预算。

2. 系统建设阶段

组建系统建设团队（又称项目团队），根据用户确定的系统建设方案和用户现场勘察情况，制订系统建设项目工作计划，通过项目管理，认真执行项目工作计划，按时完成系统开发与建设工作。本阶段的主要工作有项目团队组建、硬件设备选型、应用软件开发、系统集成、系统部署与试运行。

（1）项目团队组建：根据系统建设涉及的工作内容，从项目管理、软件开发、硬件选型与采购、施工安装、系统集成等不同方面入手配置充足的具有丰富工作经验的技术与管理人员，形成系统建设工作团队。

（2）硬件设备选型：根据系统建设方案中包含的硬件设备清单（前端设备、网络连接设备、后台设备），收集市场信息，给出能够满足相关技术指标的备选设备品牌、型号及产品技术参数；通过对各备选设备进行测试、比对、评估，选出性价比最佳的设备采购方案。

（3）应用软件开发：根据系统建设技术方案中的应用软件功能清单依次开展软件需求分析、软件设计、软件开发与测试、软件部署与交付等工作。

（4）系统集成：包括单台设备的软硬件集成及系统内所有设备的互联互通这两个层面的工作。单台设备的软硬件集成通常是根据系统设计方案将定制开发的应用软件部署到指定的设备上，通过测试、调试、问题反馈与改进，确保设备能够实现所有规定的功能及性能指标。系统内所有设备的互联互通指在上述工作基础上利用通信网络将系统中的所有准备好的设备（前端传感设备、用户终端、后台设备）连接起来，通过对设备运行、通信、软件接口等相关参数配置与调试，确保所有设备能够协同工作，共同支撑系统各类应用功能正常运行。上述系统集成工作主要在集成商工作场所完成，一方面，是为了验证根据系统建设技术方案采购的硬件和开发的软件是否能够集成在一起协同工作，并实现系统规定的各项功能；另一方面，对可能存在的软硬件问题、缺陷及早发现和纠正，确保系统达到可在用户现场进行部署的状态。

（5）系统部署与试运行：包括系统前端设备及后台设备的安装与调试，应用软件的部署与调试，系统开通试运行，系统运行状态监测（针对功能与性能指标）与故障处理、软硬件问题记录与解决等工作。

3. 系统交付运行阶段

正式将系统交付给用户使用，同时为用户提供及时优质的系统运维服务，确保系统平衡、持续运行。本阶段的主要工作有：系统验收与交付（含用户培训）、系统运行维护。

（1）系统验收与交付：准备验收资料（包括工程量清单、设备清单和软件交付清单），与用户一起清点部署在现场的所有设备，确认其型号规格及正常工作状态，签署设备移交表；与用户一起对软件功能逐项进行确认，填写软件功能确认表；对用户进行系统操作使用及运行维护培训，向用户提交系统操作使用手册及运行维护手册。

（2）系统运行维护：该项工作通常由日常巡检与保养、故障处理与恢复两部分组成。日常巡检与保养是根据运维规程定期开展的一种例行性运维工作，通过定期对易发生故障的设备进行检查和保养，及时消除故障风险，预防故障发生。例如，定期清洁摄像机镜头，防止其因布满灰尘而无法采集到清晰的人脸图像，致使人脸考勤系统无法正常工作。故障处理与恢复是一种随机开展的事件驱动型运维工作，它通过一套事先发布的工作流程，确保用户的故障处理请求能够得到及时响应，并在最短时间内查明故障原因，采取措施消除故障，使系统恢复正常运行。

在线测试 1.1.4

相关案例

下面，我们举例说明如何根据用户需求来绘制一个智能识别系统的逻辑架构图和网络拓扑图。

为了确保公司办公场所的日常安全，有效落实公司考勤管理制度，一家名为迅达的物流公司安装了门禁管理系统。该系统由部署在公司大门口的一个双通道（一进一出）人员通行闸机、部署在公司机房的后台管理系统，以及面向门卫人员、人力资源部人员和公司各部门负责人使用的考勤管理系统客户端软件三部分构成。其中，人员通行闸机上带有读卡器，员工日常出入公司时只需刷员工卡就可开启闸机通行；后台管理系统由一组服务器和公司考勤管理平台软件组成，公司考勤管理平台软件提供员工个人基础数据（含员工卡数据）管理、员工卡识别设备接入管理、公司考勤规则建立与维护、员工考勤记录生成与管理、员工考勤数据统计与查询、系统管理等功能；考勤管理软件的客户端应用包括门卫室处置台软件（可通过安放在门卫室的计算机实时显示每个出入人员的刷卡信息，查询人员出入记录，可通过按钮手动开启闸机）、人力资源部 PC 客户端软件（员工个人基础信息管理、员工卡发放管理、员工考勤记录查询）、部门负责人的手机客户端软件（查询下属员工考勤信息、接收下属员工考勤异常告警信息）。

经过一年多的运行，公司门卫人员发现经常有员工忘记带卡，需要门卫登记后手动开启闸机放行；还有少数员工在通过闸机时，一次要刷多张员工卡，疑似在代其他员工打卡考勤；甚至发现有非公司人员也在使用公司员工卡通过闸机进入公司。

为了进一步提升办公区安全管理水平，强化员工日常考勤管理，公司决定采用人脸识别技术对公司现有门禁系统和考勤管理软件进行技术改造和功能升级。首先，在人员出入闸机上安装人脸识别设备，员工由刷卡出入公司改为刷脸出入，以便有效杜绝员工之间代打卡考勤和外人借用员工卡随意进入公司的不良现象；其次，在考勤管理平台软件中增加人脸注册和人脸识别功能，员工人脸信息采集和注册工作日常由公司人力资源部使用公司配置的平板电脑完成；再次，为了强化系统安全管理，防止系统用户超越权限非法使用系统功能，公司特别要求在设计系统日志管理功能时，务必对访问修改员工个人基础数据、访问修改员工人脸注册数据、访问修改员工考勤数据等行为进行详细记录；最后，原先针对门卫人员、人力资源部人员和公司各部门负责人使用的考勤管理系统客户端软件功能保持不变。

公司负责系统改进任务的信息中心项目经理找到了一家名为 HT 智能科技的 IT 企业，希望他们能够针对上述问题，给出一个基于公司现有门禁系统的人脸识别考勤管理系统建设规划方案，供公司领导进行讨论决策。

经过与迅达物流公司信息中心项目经理沟通交流，结合自身对人脸识别技术与产品的应用经验，HT 智能科技公司派出的售前技术支持人员首先整理出迅达物流公司考勤管理系统建设需求，如表 1-3 所示。

表 1-3　人脸识别考勤管理系统用户需求

系统建设目的	利用智能化技术改进迅达公司工作场所安全管理水平，提升员工日常工作纪律监督管理能力		
用户希望解决的关键问题	通过采用人脸识别技术，在方便员工出入公司、提高考勤数据准确性的同时，消除外人借员工卡随意出入造成的安全隐患，杜绝员工之间相互代打卡考勤的不良现象		
系统建设目标	利用三个月时间，采用成熟可靠的人脸识别设备，将迅达公司现有门禁刷卡式考勤管理系统改造成为"人脸识别考勤管理系统"，推动公司管理水平更上一个台阶		
人脸识别考勤管理系统主要功能			
序号	功能项	功能描述	备注
1	人脸注册管理	构建公司员工人脸注册数据库，将采集到的员工人脸图像与其个人基本信息绑定，为人脸识别设备提供人脸比对基准数据。可根据公司员工管理需要，对注册库中员工人脸注册数据进行查询、增加、删除和修改	
2	人脸识别	安装在闸机上的人脸识别设备可在人脸俯仰角度≤15°，左右偏转≤30°的情况下，1∶N人脸识别正确率≥98%，同时，支持戴口罩人脸识别	人脸注册数据库规模不小于1000人
3	闸机控制	基于人脸识别结果，为有权出入人员开启闸机	紧急情况下，可通过人工按钮手动开启闸机
4	人员通行记录保存	基于人脸识别结果，形成人员出入的通行记录，上传至后台进行保存	所有记录保存一年
5	考勤规则管理	可设置和修改正常上班、下班时间，迟到、早退、旷工计算规则和具体计算方法	可自定义针对不同类别员工的考勤规则
6	人员分组管理	可根据人员分组实行不同的考勤规则	可自定义分组方式
7	员工考勤记录生成与保存	根据考勤规则、员工通行记录、员工分组类别，自动计算生成员工每日考勤记录，并保存	
8	考勤记录查询与统计	可在办公计算机和手机上依据人员姓名、时段（天、周、月）和考勤类别（正常、迟到、早退、旷工）查询员工考勤记录，并根据考勤类别进行分类统计	
9	考勤异常告警	每天下午下班前将当天员工迟到、早退和旷工等数据形成员工异常考勤信息发送到员工所在部门负责人的手机上，以便其掌握和管理员工异常考勤行为	可自定义异常考勤类别
10	设备管理	可对人脸识别设备进行接入管理和运行状态查看	
11	系统管理	包括系统用户管理（用户注册、用户登录及密码管理、用户注销等）、权限管理（用户分组及使用系统功能的权限管理）、日志管理（提供对人脸注册数据库、考勤规则、人员分组库的用户操作日志）等功能	

根据用户需求，经过内部讨论，HT 智能科技公司开发部门技术人员给出如图 1-8 和图 1-9 所示的人脸识别考勤管理系统逻辑架构图和系统网络拓扑图。

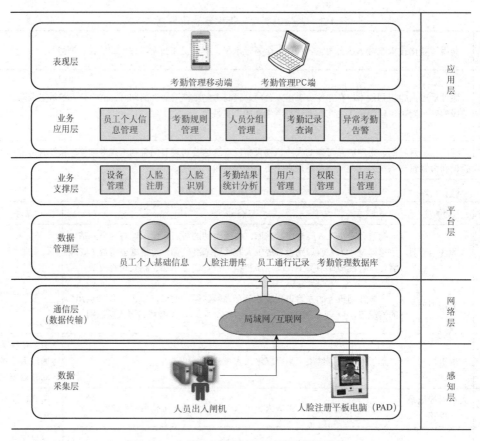

图 1-8 人脸识别考勤管理系统逻辑架构图

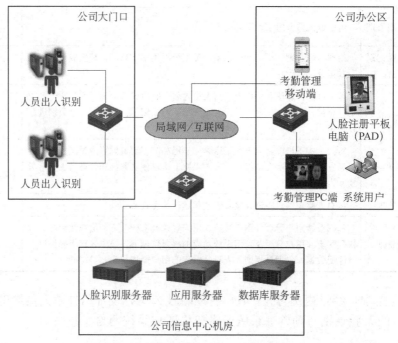

图 1-9 人脸识别考勤管理系统网络拓扑图

工作实施

1. 选择一个身边正在运行使用的智能识别系统，通过用户调研和访谈，整理并提交该智能识别系统规划建设时的用户需求。

2. 画出该智能识别系统的逻辑架构图。

3. 画出该智能识别系统的网络拓扑图。

4. 提交符合用户需求的智能识别系统解决方案。

评价反馈

表 1-4　学生自评表

序号	评价项目	评价标准	分值	得分
学习情境 1.1　编写智能识别系统解决方案					

序号	评价项目	评价标准	分值	得分
1	掌握智能识别系统的基本概念	能够正确说出什么是智能识别系统	10	
2	了解智能识别系统的主要作用	能够正确解释智能识别系统的用途	10	
3	知道智能识别系统与传统计算机信息系统的主要区别	能够从技术运用和应用支撑两个方面正确阐述智能识别系统与传统计算机信息系统的主要区别	10	
4	知道智能识别系统的基本结构	能够正确阐述智能识别系统的一般结构	10	
5	知道常见的智能识别应用系统	能够正确说出 3 种以上常见的智能识别应用系统	10	
6	知道智能识别系统建设主要工作内容	能够正确说出智能识别系统从规划建设到建成交付给用户使用一般都包括哪些工作内容	10	
7	知道系统建设规划方案在智能识别系统建设过程中的重要作用	能够正确说出系统建设规划方案在智能识别系统建设过程中的重要作用及其应该包含的主要内容	10	
8	知道什么是智能识别系统建设用户需求	能够解释什么是用户需求，并说出在整理智能识别系统建设用户需求文档时应该列出的主要内容	15	
9	知道用户需求在智能识别系统建设过程中的作用	能够正确说出智能系统建设用户需求的主要内容，并解释它在智能识别系统建设过程中的重要作用	15	
合计				100	

表 1-5　学生互评表

学习情境 1.1　编写智能识别系统解决方案

序号	评价项目	分值	等级				评价对象			
			优	良	中	差	1	2	3	4
1	能够正确说出什么是智能识别系统	10	10	8	6	4				
2	能够正确解释智能识别系统的用途	10	10	8	6	4				
3	能够从技术运用和应用支撑两个方面正确阐述智能识别系统与传统计算机信息系统的主要区别	10	10	8	6	4				
4	能够正确阐述智能识别系统的一般结构	10	10	8	6	4				

（续表）

学习情境 1.1　编写智能识别系统解决方案										
序号	评价项目	分值	等级				评价对象			
			优	良	中	差	1	2	3	4
5	能够正确说出 3 种以上常见的智能识别应用系统	10	10	8	6	4				
6	能够正确说出智能识别系统从规划建设到建成交付给用户使用一般都包括哪些工作内容	10	10	8	6	4				
7	能够正确说出系统建设规划方案在智能识别系统建设过程中的重要作用及其应该包含的主要内容	10	10	8	6	4				
8	能够解释什么是用户需求，并说出在整理智能识别系统建设用户需求文档时应该列出的主要内容	15	15	12	9	6				
9	能够正确说出智能系统建设用户需求的主要内容，并解释它在智能识别系统建设过程中的重要作用	15	15	12	9	6				
	合计	100								

表 1-6　教师评价表

学习情境 1.1　编写智能识别系统解决方案					
序号	评价项目		评价标准	分值	得分
1	考勤（20%）		无无故迟到、早退、旷课现象	20	
2	工作过程（40%）	准备工作	能够主动独立收集编写智能识别系统建设规划方案所需要的素材	10	
		工具使用	能够选用适当的 OA 工具完成智能识别系统建设规划方案编写（包括相关图表的绘制）	10	
		工作态度	能够按要求及时完成智能识别系统建设规划方案编写并提交结果	10	
		工作方法	遇到问题能够及时与同学和教师沟通交流	10	
3	工作结果（40%）	用户需求文档	用户需求文档关键内容完整	5	
			用户需求文档关键内容正确	5	
		智能识别系统总体架构设计	智能识别系统总体架构图内容完整	5	
			智能识别系统总体架构图内容正确	5	
			智能识别系统网络拓扑图内容完整	5	
			智能识别系统网络拓扑图内容正确	5	
		智能识别系统解决方案	智能识别系统建设规划方案内容合理	5	
		工作结果展示	能够准确表达、汇报工作成果	5	
	合计			100	

拓展思考

1. 智能识别系统在规划设计阶段最重要的工作是什么？
2. 系统解决方案与系统建设方案的主要区别是什么？

单元 2　使用数字成像设备获取图像数据

<table>
<tr><td rowspan="9">教学导航</td><td>知识重点</td><td>1.数字图像基本概念
2.三维图像与二维图像的主要区别
3.数字化成像设备工作原理
4.图像传感器的主要作用
5.用以明确图像数据采集要求的主要指标
6.高清摄像机及三维人脸照相机的操作使用过程
7.高清摄像机及三维人脸照相机的主要工作参数及其设定方法</td></tr>
<tr><td>知识难点</td><td>1.用以明确图像数据采集要求的主要指标和它们的具体含义
2.高清摄像机、三维人脸照相机的主要工作参数及其设定方法</td></tr>
<tr><td>推荐教学方法</td><td>首先明确数字图像、数字化成像设备的基本概念，让学生掌握二维图像、三维图像的含义和区别，了解高清摄像机、三维人脸照相机的主要功能和操作使用方法；然后在此基础上，以智能图像识别应用系统的开发为背景，从前端图像采集设备的使用入手，引导学生围绕高清摄像机和三维人脸照相机采集的图像数据（图片、视频、三维图像数据）的接收、展示，开展相应的Python编程学习和训练</td></tr>
<tr><td>建议学时</td><td>12学时</td></tr>
<tr><td>推荐学习方法</td><td>首先认真掌握数字图像、数字化成像设备的基本概念，了解数字化成像设备的工作原理和主要器件（如图像传感器），了解目前在建设智能识别系统过程中经常用到的图像传感设备有哪些，掌握这些常用图像传感设备（如高清摄像机、三维人脸照相机）的具体使用方法，并在此基础上，开展有关图像传感设备采集数据（图片、视频、三维图像数据）的接收、保存、展示等Python编程训练</td></tr>
<tr><td>必须掌握的理论知识</td><td>数字图像基本概念，二维图像、三维图像的含义和区别，数字化成像设备的工作原理</td></tr>
<tr><td>必须掌握的技能</td><td>使用高清摄像机采集需要的图片与视频</td></tr>
</table>

图 2-1　教学导航

学习情境 2.1　使用高清摄像机采集需要的图片

学习情境描述

将高清摄像机当作成像设备，为智能图像识别系统采集所需图片时，通常会涉及两方面的工作：一是根据摄像机工作地点的环境条件和图片采集要求，设定好摄像机的工作参数；二是开发应用软件接收摄像机抓拍的照片，并显示查看，以确认照片质量。若发现接收到的照片存在景物模糊、色彩失真、画面偏暗或过亮等质量缺陷，要能够结合问题对摄像机工作参数进行相关调整，以确保问题得到解决。

学习情境 2.1
微课视频

学习目标

1. 能够正确阐述高清摄像机的成像原理和关键器件。
2. 在正确理解数字图像概念的基础上能够区分二维图像和三维图像。
3. 能够说出描述图片采集要求的常用指标。
4. 能够说出高清摄像机产品的主要技术参数。
5. 正确掌握摄像机工作参数的设定方法。
6. 能够通过 Python 编程实现高清摄像机抓拍照片的接收、显示和保存等功能。

任 务 书

某工业园区为了对快递人员进入园区后的行踪进行跟踪管理，构建了园区视频监控系统网络拓扑图，如图 2-2 所示，在园区大门口部署了具有人脸识别功能的人员通行闸机，在园区内道路沿线及园区内各类建筑物出入口部署了能够全天候 24 小时不间断工作的高清监控摄像机。这些摄像机在实时上传各自覆盖区域监视视频的同时，还能够对视频画面中出现的人脸进行监测、抓拍和录像。摄像机抓拍到的行人脸部照片及录制的短视频都会实时上传至后台保存，以供分析和识别使用。

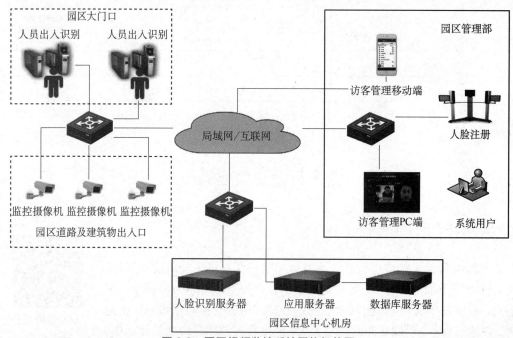

图 2-2　园区视频监控系统网络拓扑图

为了确保摄像机抓取的行人脸部照片符合人脸识别软件的输入要求，公司主管要求你通过 Python 编程，在一周时间内开发出一个人脸抓拍图片质量筛查软件，该软件能够对监控摄像机抓拍到的行人脸部照片进行接收、查看，并将其中符合识别输入要求的照片保存到指定的数据库文件中，供后续比对识别使用。如果在筛查过程中发现有大量不合格照片出现，你需要对摄像机的工作参数设定是否合理进行判断和检查，必要时进行重新设置。

你接收到任务后，首先要了解该系统后台部署的人脸识别软件对可供处理的人脸抓拍照片的具体要求，以此作为正确设定摄像机工作参数并判断监控摄像机抓拍照片质量的依据；然后，还要了解园区视频监控系统的架构和工作过程，掌握可供选择的接收前端摄像机抓拍照片的不同方法，并作出决策；最后在此基础上，依次完成人脸抓拍图片质量筛查软件概要设计文档的编写、代码开发、测试和部署运行。

获取信息

引导问题 1：了解图像数据。

（1）什么是数字图像？它的最基本的表示元素是什么？

_____

_____

小提示

像素（或像元，Pixel）是数字图像的基本元素，它通常对应于二维空间中一个特定的"位置"，并且由一个或者多个与那个点相关的采样值组成数值。像素是在模拟图像数字化时对连续空间进行离散化得到的。每个像素具有整数行（高）和列（宽）位置坐标，同时每个像素都具有整数灰度值或颜色值。

（2）二维平面图像与三维立体图像的主要区别是什么？

_____

_____

（3）在描述二维图像采集要求时一般会用到哪些指标？

_____

_____

（4）用以衡量二维图像数据质量的指标主要有哪些？

_____

_____

引导问题 2：认识数字化成像设备。

（1）什么是数字化成像设备？请简要描述其工作原理。

_____

_____

小提示

图像传感器：又称感光器件，是一种将光学图像转换成电子信号的设备，是各类摄像机最为核心的部件。根据工作原理及生产工艺过程不同，图像传感器有 CMOS 和 CCD 两种，CCD 与 CMOS 在不同的应用场景下各有优势。通常，感光器件的面积越大，捕捉的光子越多，感光性能越好，信噪比越高。图像传感器的尺寸大小一般用其矩形感光面的对角线长度来表示，单位为英寸，表示方式为 1/4"、1/3"、1/2"、1/1.8"等，同样像素下图像传感器的尺寸越大，其感光度越好。

（2）请举例说明目前常用的数字化成像设备主要有哪些类别。

_____

_____

（3）上网查阅收集相关资料，简述高清摄像机的"高清"是什么含义。

_____

_____

（4）简述高清摄像机产品的主要技术参数有哪些。

_____

_____

引导问题 3：掌握高清摄像机工作参数的设置方法。

（1）简述高清摄像机技术参数与工作参数有什么不同。

_____

_____

（2）如何查看高清摄像机当前的工作参数？

_____

_____

（3）在不同的工作环境中需要注意哪些工作参数的配置和设定？

_____

_____

引导问题 4：如何接收高清摄像机采集的图像数据？

（1）在一个以高清摄像机作为前端图像采集设备的智能识别系统中，如何确定摄像机是处于正常工作状态之中的？

_____

_____

小提示

高清网络摄像机是目前在建设智能识别系统过程中经常用到的一类高清摄像机产品，它内置有 Web 服务器，支持 DHCP（动态主机配置协议）和完整的 TCP/IP 协议簇，允许用户从自己的 PC 上使用标准的浏览器根据网络摄像机的 IP 地址对网络摄像机进行访问，观看实时视频图像，或控制摄像机的镜头和云台。因此，网络摄像机具有便捷的网络接入功能，可轻松地添加到网络上，以满足各种网络化智能识别应用系统（如城市智能交通系统、城市安防视频监控系统、智慧校园系统等）对图片或视频等图像数据进行实时采集与传输的需要。

（2）什么是 SDK？它与 API 有什么区别？如何使用摄像机生产厂商提供的 SDK 来编程，实现高清摄像机抓拍图片的接收、查看和另存？请列出需要开展的工作内容，并画出开发工作流程图。

_____

_____

引导问题 5：在软件概要设计文件中，接口设计的主要内容是什么？它与你选定接收前端摄像机抓拍照片的具体方法有关系吗？

_____

_____

引导问题 6：如果发现摄像机抓拍的人脸照片大多数都是模糊不清的，你首先应该检查哪一项工作参数是否设置合理？

_____

_____

引导问题 7：如果发现摄像机抓拍的人脸照片大多数亮度不正常，画面不是太暗就是太亮，以至于无法看清楚脸部特征，你首先应该检查哪一项工作参数是否设置合理？

_____

_____

引导问题 8：如果发现摄像机抓拍的人脸照片大多数色彩不正常，画面偏蓝，你首先应该检查哪一项工作参数是否设置合理？

_____

_____

工作计划

1. 制定工作方案

表 2-1　工作方案

步骤	工作内容
1	
2	
3	
4	
5	

2. 确定人员分工

表 2-2　人员分工

序号	人员姓名	工作任务	备注
1			
2			
3			
4			

知识准备

图 2-3   知识分布网络

2.1.1   图像数据基本概念

图像就是所有具有视觉效果的画面，它是人类在日常生活中感知周围环境的一个最主要的信息源，它由我们的视觉系统生成，经过大脑的处理分析后，帮助我们更好地认识环境、适应环境并完成各种任务。据统计，一个人在日常生活中获取的信息有 75%～80%是来自视觉系统的视觉信息。

为了更好地利用视觉信息，随着科学技术的进步，作为模仿人类视觉能力的计算机视觉技术也在不断发展完善，在它的推动下，各种各样的数字成像设备（又称图像传感设备）也不断出现，如智能手机、数码相机、高清摄像机、三维测量仪、三维照相机，等等。目前，人们已经可以利用这些数字成像设备随时完成所需图像的采集和数字化处理，然后再通过各种计算机系统、设备和图像处理软件对获取的图像数据进行存储、交换、处理和展示。

所谓图像数据就是由数字成像设备采集、生成并输出的图像文件，它可以方便地在计算机或其他各种数字化信息处理设备上进行存储、处理和显示观看。通常，这些图像文件又被称为"数字图像"。

根据数字图像所能展现的视觉效果，可以将其分为两大类：二维平面图像（又称 2D图像）和三维立体图像（又称 3D 图像）。我们日常所说的图片（或照片）、视频（或录像）都属于二维平面图像，它只能够提供并展示所包含景物的高度和宽度信息；而三维立体图像除了展示景物的高度和宽度，还能够展示其纵深信息。三维立体图像不仅可以让我们获得比浏览二维平面图像更加逼真的现实世界立体视觉效果，而且能够让我们从不同角度去观察所含景物的细节，从而获得更加完美的视觉体验。

在线测试 2.1.1

2.1.2   数字化成像设备及其工作原理

人眼是性能优良的成像系统，数字化成像设备就是模仿人眼，先将自然界中被摄物体发出的光信号转换成电信号，然后再将模拟电信号转换成数字信号，形成数字图像以供使用。照相机、摄像机等典型数字成像设备的核心部件通常包括镜头、图像传感器、模数转换器、图像处理器、存储器、外部接口等，其工作原理如图 2-4 所示。

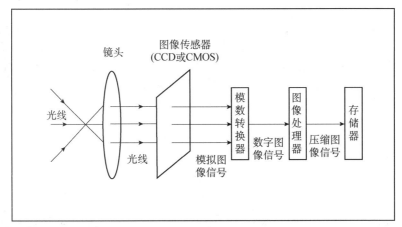

图 2-4　数字化成像设备工作原理

被摄物体发出的光，经过镜头聚焦至图像传感器上，图像传感器对感受到的光信号进行光电转换、模数转换后得到相应的数字信号。然后，这些数字信号被传递给图像处理器（ISP）进行优化处理、编码、格式转换，最后以图像文件的方式输出，或送到存储设备上存储，或送给显示端显示，或输出给外部设备进行进一步的处理。

根据所能输出的图像数据类型不同，数字化成像设备可分为二维图像传感设备和三维图像传感设备两类。其中，只能实现二维平面图像数据采集与输出的图像传感设备称为二维图像传感设备，如家用数码相机、办公用扫描仪、各类高清摄像机等。可以实现三维立体图像数据采集与输出的图像传感设备称为三维图像传感设备，如三维测量仪、三维照相机等。大多数情况下，三维图像传感设备也都具有二维平面图像采集与输出能力。

作为一种主流的数字化成像设备，高清摄像机以视频（一种图片序列）采集输出为主，也可用于图片（照片）抓拍与输出。在行业标准称谓中，视频又被称为"动态图像"，而图片则被称为"静态图像"。

高清摄像机一般由镜头、图像传感器、声音传感器、模数转换器、图像处理器、声音处理器、网络服务器、外部报警接口、控制接口等部分组成，其中镜头、图像传感器、图像处理器是最关键的部件。

由于使用范围广、需求量大，目前市面上的高清摄像机产品品牌繁多、种类丰富。目前，国内市场占有率较高的品牌主要是海康威视、大华、宇视等。

根据主要部件的类型及规格、产品的外观、产品的适用环境不同，高清摄像机产品大致可分为以下一些类型。

● 根据所使用的图像传感器不同，可分为 CCD 摄像机、CMOS 摄像机。

● 根据画面分辨率不同，可分为 200 万像素摄像机、300 万像素摄像机、400 万像素摄像机、500 万像素摄像机……

● 根据产品外形不同，可分为枪式摄像机、球形摄像机、半球形摄像机。

● 根据使用环境不同，可分为室内摄像机、室外摄像机。

● 根据灵敏度不同，可分为低照度摄像机（指在光照度≤0.1Lux 的条件下仍然可以摄取清晰图像的摄像机）、一般照度摄像机（指在光照度≥1Lux 的条件下可以摄取清晰图像的摄像机）。

光照度：也称光照强度或照度，指物体被照明的程度，即物体表面所得到的光通量与被照面积之比。光照度的单位是勒克斯（Lux），1Lux 照度是 1lm 的光通量均匀照射在 $1m^2$ 面积上所产生的照度。低照度摄像机的最低照度其实是图像传感器对环境光线的敏感程度，是正常成像所需的最暗光线。摄像机该项技术参数数值越小，表示其工作时需要的光线越少，摄像机越灵敏。

在线测试 2.1.2

2.1.3 使用高清摄像机为智能图像识别系统抓拍需要的图片

1. 图像数据采集要求

图像文件格式：把图像的像素按照一定的方式进行组织和存储，就得到不同的图像格式，把图像数据存储成文件就得到图像文件。图像文件格式决定了应该在文件中存放何种类型的信息、如何与各种应用软件兼容、如何进行图像数据交换。图像文件格式分两大类：一类是静态图像文件格式，一类是动态图像文件格式。目前，比较流行的静态图像文件格式有 GIF、BMP、JPG、PNG、SVG 等；常用的动态图像文件格式有 AVI、WMV、MPG 等。大多数浏览器都支持 GIF、JPG 及 PNG 图像的直接显示。另外，SVG 格式作为 W3C 的标准格式在网络上的应用越来越广。

图像文件大小：指存储一个图像文件所需要的存储空间，常用单位为 KB、MB、GB 等。

图像视觉效果要求：①图像清晰，景物边缘及需要的细节不模糊；②图像明亮，亮度和对比度适当，既不曝光过度，也不曝光不足；③图像色彩自然，色彩不失真，饱和度适当，层次丰富。

承担照片采集任务的人员，不仅要准确了解这些要求，做好摄像机工作参数设置，还要能够在抓拍照片的视觉效果不符合要求的情况下，通过合理调整摄像机工作参数，使抓拍照片的视觉效果得到改善，并最终满足要求。

2. 摄像机准备

在摄像机已经通过网线、交换机（或路由器）正确接入到所属系统中后，根据产品生产厂商提供的产品使用说明书和配置管理工具，完成下列四项准备工作。

第一，配置好摄像机的 IP 地址。

第二，开启并配置好摄像机的图片抓拍功能。

第三，配置好抓拍图片的存储位置。

第四，配置好可以访问该摄像机的用户及其访问权限。

上述工作完成后，从系统中任何一台 PC 上使用授权用户名和密码登录该摄像机，若能够看到摄像机的监视画面，则表明摄像机已经准备就绪，可随时进行所需图像的采集工作。

为了方便用户对摄像机进行配置管理，摄像机生产厂商一般都开发了摄像机的 Web 客户端软件供用户使用。用户只需将该 Web 客户端软件安装在自己的 PC 上，并通过网络（或网线）与摄像机连接，就可以通过 Web 客户端提供的网络设置、用户管理、图片抓拍、存储管理等功能完成上述准备工作。

（1）使用生产厂商提供的摄像机 Web 客户端软件进行摄像机 IP 地址配置。

在"设置"界面中，单击"网络设置"下的"TCP/IP"选项后，主界面上就出现了有关摄像机 IP 地址配置的输入框，如图 2-5 所示。用户可分别对摄像机设备名称（即"主机名称"）、IP 地址模式（静态/动态分配）、静态 IP 地址（即"IP 地址"）进行配置。若摄像机经由路由器与装有 Web 客户端软件的 PC 连接，则还需要配置网关和子网掩码。

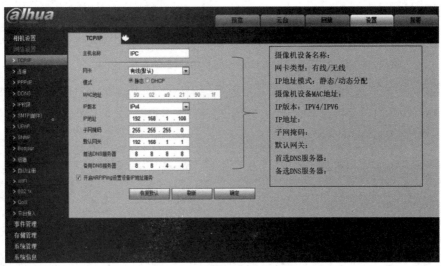

图 2-5　摄像机 IP 地址配置

（2）使用生产厂商提供的摄像机 Web 客户端软件开启图片抓拍功能。

在"设置"界面中，选择好需要进行图片抓拍的事件（当监测到有人脸出现时），然后勾选"抓图"选项，如图 2-6 所示。当事件发生时，摄像机就会自动进行图片抓拍，并将抓取的图片传到事先设定好的存储地址进行保存。

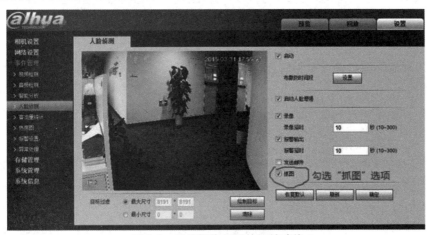

图 2-6　开启摄像机图片抓拍功能

（3）使用生产厂商提供的摄像机 Web 客户端软件配置抓拍图片的存储地址。

通常设备生产厂商都会提供多种方式对摄像机采集的视频和图片进行存储，以方便用户选择使用。常见的存储方式包括使用本机 SD 卡存储、上传至 FTP 服务器保存，以及上传至 NAS 服务器进行存储，如图 2-7 所示。

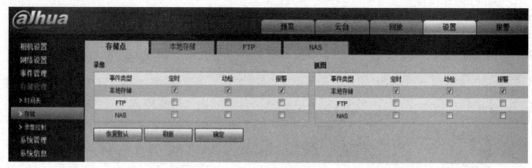

图 2-7　摄像机抓拍图片的存储点设定

当选择 FTP 或者 NAS 存储时,需要按要求填写好 FTP 服务器或者 NAS 服务器地址,以及对应的存储路径（远程存储目录）,如图 2-8 所示。这样,就可以将摄像机采集到的视频或图片存储到 FTP 或者 NAS 服务器中。

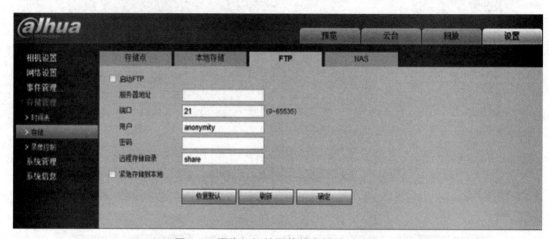

图 2-8　摄像机抓拍图片的存储地址设定

（4）使用生产厂商提供的摄像机 Web 客户端软件设置用户及其访问权限。

"用户管理"界面可进行匿名登录使能、添加用户、删除用户、修改用户密码等操作,如图 2-9 所示。

3. 高清摄像机产品的主要技术参数

通常,描述高清摄像机产品性能的技术参数主要如下。

● 图像传感器类型及其尺寸。例如:1/3"CCD,1/2"CMOS。其中,CCD、CMOS 指传感器类型,1/3"、1/2"指传感器的尺寸。

● 分辨率。决定了显示图像的清晰程度,分辨率越高,图像细节的表现越好。

● 最小照度,也称为灵敏度,是图像传感器对环境光线的敏感程度,或者说是图像传感器正常成像时所需要的最暗光线。照度的数值越小,表示需要的光线越少,摄像头也越灵敏。月光级（0.01Lux 左右）和星光级（0.001Lux 以下）等高增感度摄像机可在光线很暗的条件下工作,通常将 1~3Lux 照度视为一般光线条件。

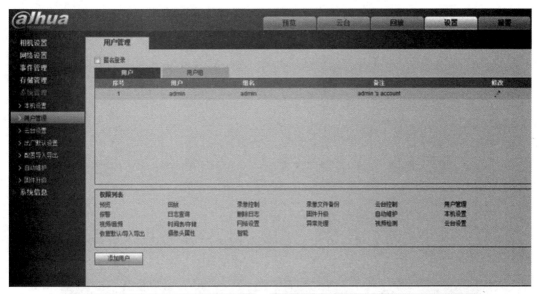

图 2-9　摄像机用户及其访问权限设置

● 信噪比。信噪比指的是信号电压与噪声电压的比值，通常用 S/N（Signal-Noise Ratio）来表示，信噪比的计量单位是分贝（dB）。当摄像机摄取较亮场景时，监视器显示的画面通常比较明快，观察者不易看出画面中的干扰噪点；而当摄像机摄取较暗的场景时，监视器显示的画面就比较昏暗，观察者此时很容易看到画面中雪花状的干扰噪点。干扰噪点的强弱（也即干扰噪点对画面的影响程度）与摄像机信噪比指标的好坏有直接关系，即摄像机的信噪比越高，干扰噪点对画面的影响就越小。设备的信噪比越高，表明它产生的噪声越少。图像信噪比的典型值为 45~55dB，若为 50dB，则图像有少量噪声，但图像质量良好；若为 60dB，则图像质量优良，不出现噪声。

● 镜头类型。作为摄像机的前端部件，镜头有固定光圈/可变光圈（又分手动调整/自动调整）、定焦/变焦（又分手动变焦/自动变焦）等种类。

● 码流。码流（Data Rate）也叫码率，指的是摄像机输出视频文件时在单位时间内使用的数据流量，它对视频编码画面质量的控制起到重要作用。在同样分辨率下，视频文件码流越大，压缩比就越小，画面质量就越好。一般的高清摄像头产品，图像处理器可同时产生两种不同编码格式，这两种编码格式统称为主码流和子码流。主码流用于本地存储，子码流适用于图像在低带宽网络上传输。双码流技术的优势在于兼顾了高质量图像传输和窄带宽的传输，满足本地传输与远程传输两种不同的带宽码流需求。

● 帧率。帧是组成视频的基本单位，视频文件本身是由很多连续的图片组成的，其中单独的 1 张图片（或一个静止的画面）就是 1 帧。帧率就是播放时长为 1 秒的视频文件中所包含的图片数量，帧率的单位是 FPS（Frames per Second），它也表示摄像机中的图像处理器每秒能够处理刷新的图片数量。高的帧率可以得到更流畅、更逼真的动画。根据人类眼睛的特殊生理结构，当所看视频的帧率高于 16FPS 的时候，就不会有画面卡顿的感觉，若视频帧率超过 30FPS，就会觉得画面非常流畅。

除了以上这些指标，一台高清摄像机是否具有超宽动态、自动白平衡、自动背光补偿、自动强光抑制等功能，也是我们衡量产品的易用性和对工作环境的适应能力需要考虑的因素。

4. 高清摄像机工作参数的设定

摄像机工作参数是指根据摄像机工作场所的环境特点（如室内还是室外、光照条件和变化情况如何）和被观察目标的运动速度，结合摄像机的安装高度和最佳工作距离，为摄像机选定的一组技术参数，只要在这组技术参数配置下工作，摄像机就能够采集到满足采集要求的图像。

摄像机的工作参数大致可分为成像控制参数、数据输出参数和外接设备连接参数这三类。其中，成像控制参数（如亮度、对比度、饱和度、曝光模式、白平衡模式等）用于控制摄像机的成像效果，确保生成的图像清晰、明亮、颜色正常；数据输出参数（如分辨率、帧率、编码模式、数据封装格式、码率等）用于确保摄像机采集到的图像数据能够以符合采集要求和网络传输要求的形式输出；外接设备连接参数（如外接设备类型、外接设备工作模式、外接设备工作状态预设值等）用于确保正确地将各类外接设备（如补光设备、目标探测设备、触发联动设备等）与摄像机连接，并与摄像机同步工作。

一般情况下，通过下列三个步骤即可完成摄像机成像控制参数的设定：首先，根据图像采集要求，对摄像机输出图像的分辨率、编码模式、文件格式等参数进行配置，这些参数不受摄像机工作环境变化影响，一旦设定好就基本保持不变；其次，结合摄像机的安装高度、工作距离、环境光照变化情况、目标的运动特性等，设置好摄像机的焦距、光圈和快门，同时开启一些可根据环境光照变化进行自动调节的功能，如白平衡、背光补偿、强光抑制等；最后，观察采集到的图像的视觉效果，若有问题，则可通过调整摄像机的亮度、对比度、色度、饱和度等配置，确保采集到的图像清晰、明亮、颜色正常。

如前所述，为了方便用户使用摄像机，摄像机生产厂家都开发了摄像机的 Web 客户端软件供用户安装、配置、调试摄像机时使用。所以，使用摄像机的 Web 客户端软件就能够进行摄像机成像控制参数设置，如图 2-10 所示。

说明： 通过摄像机的 Web 客户端软件中的"相机设置"功能界面，既可以对摄像机的曝光模式、白平衡模式（即情境模式）、日夜模式、背光补偿模式等进行选择，也可以对摄像机的监视画面的亮度、对比度、色彩饱和度、图像边缘锐度等参数进行调整，以确保摄像机采集的图像清晰、明亮、颜色正常。

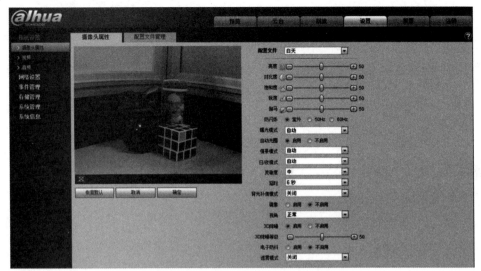

图 2-10　摄像机成像控制参数设置

在摄像机的所有功能中，凡是说明某项功能有多个工作模式可选，或是"手动可调""在……范围内可调整"，则该项功能就需要我们结合摄像机安装使用环境的具体特点来合理设定。

随着电子信息技术的迅猛发展，更多的传感器和嵌入式软件被应用到摄像机产品中，以实现在不同应用场景下摄像机工作参数的自动设定。目前，主流摄像机生产厂商都在竞相推出智能化程度不断提升的产品，摄像机产品几乎都具备了根据工作环境条件自动进行技术参数动态调整的能力，这不仅大幅减轻了手动设定工作参数带来的工作负荷与压力，还能有效控制工作参数配置错误造成的图像数据质量不合格风险，极大提升了摄像机产品的易用性。

在线测试 2.1.3

相关案例

城市智能交通系统（见图 2-11）是一种常见的智能图像识别应用系统，它利用部署在道路沿线的智能交通摄像机，实时获取道路交通状态图像数据（视频、图片），然后将它们通过网络传送到城市交通大数据中心，经由中心构建的图像分析处理平台（又称数据处理与应用支撑子系统）得到有关道路上行驶车辆的属性与行为识别结果，以及道路上产生各种交通事件的识别结果，用于开展交通执法和交通秩序管理。

通常，智能交通系统的图像分析处理平台由图像识别及视频分析服务器（又称多路交通视频综合监测器）、数据库服务器、应用服务器、存储设备等构成。

城市智能交通系统通常具备下列功能。

● 车辆监测记录：可实时监测、捕获通行车辆图像，并自动获取车身颜色、车辆号牌、车型、车标、车速等数据。

● 交通流参数监测：可准确采集交通流量、平均车速等数据。

● 违法行为监测：可对逆向行驶、变道行驶等交通违法事件进行实时监测与取证。

● 交通事件监测：可对停止事件、逆行事件、行人事件进行实时监测与告警等。

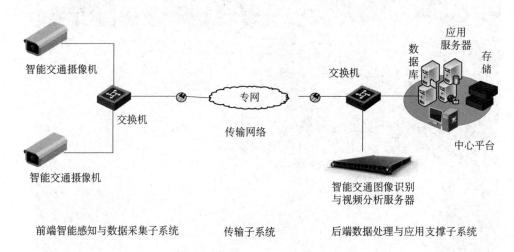

智能交通摄像机

交换机

传输网络

专网

交换机

数据库 应用服务器 存储

中心平台

智能交通摄像机

智能交通图像识别与视频分析服务器

前端智能感知与数据采集子系统　　　　传输子系统　　　　后端数据处理与应用支撑子系统

图 2-11　典型的城市智能交通系统

下面，我们将展示一个通过连接上述智能交通系统图像分析处理平台上的图像识别与视频分析服务器，获取智能交通摄像机抓拍上传的通行车辆图片，将抓拍图片进行本地缓存，并将抓拍图片的 http 访问路径及智能交通抓拍记录数据写入数据库的应用案例。

1. 确定数据源

通过对图像识别与视频分析服务器进行连接，获取智能交通抓拍记录（含智能交通摄像机抓拍上传的通行车辆图片）。

2. 确定展示方式

通过本地文件浏览抓拍图片，通过数据库软件查看智能交通抓拍记录。

3. 确定程序所需入参

（1）图像识别与视频分析服务器的 IP 地址。
（2）与获取抓拍图片的 http 服务相关的 http 访问端口（或使用默认 80 端口）。
（3）配置数据存储目录以便通过 http 服务完成交通事件图片存储。

4. 确定编程所需模块

（1）导入 WiseNemoITS.wiseNemoITS 模块，连接图像识别与视频分析服务器，获取车辆抓拍图片。
（2）导入 socket 模块，连接指定服务器的指定端口，获取本机连接时的 IPv4 地址，明确对车辆图片及事件视频进行 http 下载的 url。
（3）导入 os 模块，用于判断并创建文件夹，读取本地存储文件。
（4）导入 sys 和 getopt 模块读取命令行参数，以便通过命令行输入入参。
（5）导入 shutil 模块移动文件，以便移动事件视频至指定存储目录。
（6）导入 time 模块转换时间目录，以便按时间创建目录存储图片及视频。
（7）导入 pymysql 模块进行 mysql 数据库操作，以便将抓拍记录写入 mysql。

5. 构建项目可执行文件

创建 Python 可执行文件 BasicDataAcquisition.py。

6. 程序执行流程图

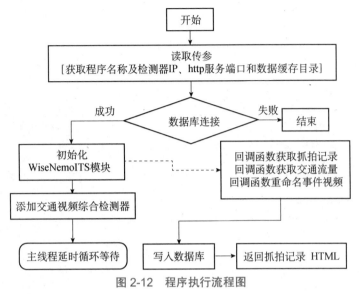

图 2-12　程序执行流程图

7. 导入程序所需模块

```
import sys, getopt
import socket
import os
import shutil
import pymysql
import time
from WiseNemoITS.wiseNemoITS import *
```

8. 数据库连接测试

```
mysqlConn=None
global mysqlConn
try:
mysqlConn  =  pymysql.connect(host="127.0.0.1",port=3306,  user="root",
password="cdzs123456",database="dbWiseNemoITS",charset="utf8")
cursor = mysqlConn.cursor()
cursor.execute("SELECT VERSION()")
data = cursor.fetchone()
cursor.close()
print ("Database version : %s " % data)
except :
print('connect pymysql falied!')
sys.exit(1)
```

9. 构建程序启动入口，程序入参解析及处理

设置默认参数及入参格式' -i \<ipv4> -p \<port> -d \<dir>'，若入参有效，则使用入参替换默认参数；如有误，则提示入参格式并退出。

```python
synAddr="192.168.0.9"
localIPv4=""
saveBaseDir=" /mnt/files"
httpPort=80
saveImageDir=saveBaseDir+'/image/'
saveVideoDir=saveBaseDir+'/video/'
def main(argv,appFile):
    global httpPort
    global synAddr
    global localIPv4
    global saveBaseDir
    global saveVideoDir
    synAddr="192.168.0.9"
    try:
        s=socket.socket(socket.AF_INET,socket.SOCK_DGRAM)
        s.connect(('8.8.8.8',80))
        localIPv4=s.getsockname()[0]
    finally:
        s.close()
    try:
        opts, args = getopt.getopt(argv,"h:i:p:d:",["ipv4=","port=","dir="])
    except getopt.GetoptError:
        print('python3',appFile+' -i <ipv4> -p <port> -d <dir>')
        sys.exit(1)
    for opt, arg in opts:
        if opt == '-h':
            print('python3',appFile+' -i <ipv4> -p <port> -d <dir>')
            sys.exit(2)
        elif opt in ("-i", "--ipv4"):
            synAddr = arg
        elif opt in ("-p", "--port"):
            httpPort = int(arg)
        elif opt in ("-d", "--dir"):
            saveBaseDir = arg
    saveImageDir=saveBaseDir+'/image/'
    saveVideoDir=saveBaseDir+'/video/'
    if not os.path.exists(saveImageDir):
        os.makedirs(saveImageDir)
        print('创建目录【'+saveImageDir+'】')
    if not os.path.exists(saveVideoDir):
```

```
        os.makedirs(saveVideoDir)
        print('创建目录【'+saveVideoDir+'】')
if __name__ == "__main__":
  main(sys.argv[1:],sys.argv[0])
```

10. 获取智能交通记录

通过 WiseNemoITS.wiseNemoITS 模块获取智能交通记录的流程如下。

（1）定义格式为 CFUNCTYPE(c_int, c_int, POINTER(c_char),c_int, POINTER(c_char), c_void_p)的回调函数。对数据类型为 10 的智能交通抓拍记录分析结果进行接收和解析，并获取交通事件记录结构化数据及图片，图片本地存储及生成 http 访问 url，结构化数据写入数据库。对数据类型为 53 的事件视频进行文件移动并生成 http 访问 url，写入数据库记录。对数据类型为 75 的交通流统计信息进行获取。

```
def CarDataCallback(nDataType,pData,nDataLen,pDeviceIP,pContext):
if pData is not None:#回调数据为空的异常数据不做处理
if nDataType==53:#事件视频保存成功消息
        videoHead = VideoOf832()
    elif nDataType==75: #解析交通流统计数据
        vehicleHead=VehicleStatNews()
elif nDataType==10:#处理指定的交通事件分析结果
        picHead=PicHeader2017()
return 0
```

（2）初始化及连接多路交通视频综合监测器。

```
global g_pCarDataCallback#不加全局变量声明，将会使得使用回调的过程中，回调函数的实例被 Python 回收掉
cytNetSdkInit()#初始化监测器连接模块
cytNetSdkRegDataCallback(g_pCarDataCallback)#注册监测器数据回调
cytNetSdkAddEvtDevice(synAddr,saveVideoDir)#添加监测器连接模块需要连接的监测器及事件视频存储目录
while 1:time.sleep(1);#不加循环等待，主线程将结束退出，无法收到后续数据
```

11. 缓存智能交通抓拍记录数据

通过之前定义的回调函数 CarDataCallback 将存储交通事件图片生成可下载的图片 http 的 url 路径，并根据 PicHeader2017 的 llPicID 字段进行数据库存储。

```
if not picHead.decode(pData,nDataLen):
global mysqlConn
urlPlate=[None,None,None,None]
sPicDir=str(picHead.tmCap[0].wYear)+'/'+str(picHead.tmCap[0].byMonth)+'/'+str(picHead.tmCap[0].byDay)+'/'+str(picHead.tmCap[0].byHour)+'/'
#生成图片存储目录
for i in range(picHead.nOutPicCount):
```

```
    sPicName=str(picHead.llPicID)+'_'+str(picHead.nOutPicCount)+str(i)+'.jpg'
        sPicSave=saveBaseDir+'/image/'+sPicDir
        if not os.path.exists(sPicSave): os.makedirs(sPicSave);
        sPicSave+=sPicName

    sPicUrl="http://"+localIPv4+":"+str(httpPort)+'/downfile'+'/image/'+sPic
Dir+sPicName#生成图片 http 下载地址
        if picHead.savePicData(sPicSave,i)==1:
            urlPlate[i]=sPicUrl
    sql = "INSERT INTO `dbWiseNemoITS`.`tbPicHeader2017`(`llPicID`,`nObjID`,
`nChannel`,`dwPacketIndex`,`szPlateChar`,`nPlateBelive`,`dwPlateColor`,`dwPla
teTop`,`dwPlateLeft`,`dwPlateWidth`,`dwPlateHeight`,`dwVehicleColor`,`dwVehic
leType`,`tmRedStart`,`tmRedEnd`,`szVehicleLogo`,`dwMediaType`,`nEventType`,`n
CapPicCount`,`nOutPicCount`,`bSynthPic`,`objInf0_nXPos`,`objInf0_nYPos`,`objI
nf0_nWidth`,`objInf0_nHeight`,`objInf0_fSpeed`,`objInf0_nRoad`,`objInf1_nXPos
`,`objInf1_nYPos`,`objInf1_nWidth`,`objInf1_nHeight`,`objInf1_fSpeed`,`objInf
1_nRoad`,`objInf2_nXPos`,`objInf2_nYPos`,`objInf2_nWidth`,`objInf2_nHeight`,`
objInf2_fSpeed`,`objInf2_nRoad`,`objInf3_nXPos`,`objInf3_nYPos`,`objInf3_nWid
th`,`objInf3_nHeight`,`objInf3_fSpeed`,`objInf3_nRoad`,`tmCap`,`tmCap0`,`tmCa
p1`,`tmCap2`,`tmCap3`,`nPicLen0`,`nPicLen1`,`nPicLen2`,`nPicLen3`,`nPlateChar
Cnts`,`szCharCredit`,`nLogType`,`nLogSubType`,`fLogCredit`,`nVehType496`,`nEv
tSubType`,`nNewEnergePlateType`,`nDirrect`,`nPlatePicLen`,`nVehPicLen`,`szHkM
acaoPlate`,`nHkMacaoPlateCharCnts`,`szHkMacaoPlateCharCredit`,`dwHkMacaoPlate
Top`,`dwHkMacaoPlateLeft`,`dwHkMacaoPlateWidth`,`dwHkMacaoPlateHeight`,`bRada
rSpeed`,`fLowSpeedTh`,`fHighSpeedTh`,`urlPlate0`,`urlPlate1`,`urlPlate2`,`url
Plate3`,`urlVideo`) VALUES (%s,%s,%s,%s,%s,%s,%s,%s,%s,%s,%s,%s,%s,%s,%s,%s,
%s,%s,%s,%s,%s,%s,%s,%s,%s,%s,%s,%s,%s,%s,%s,%s,%s,%s,%s,%s,%s,%s,%s,%s,%s,%
s,%s,%s,%s,%s,%s,%s,%s,%s,%s,%s,%s,%s,%s,%s,%s,%s,%s,%s,%s,%s,%s,%s,%s,%s,%s
,%s,%s,%s,%s,%s,%s,%s,%s,%s);"
    try:
        cursor = mysqlConn.cursor()

    cursor.execute(sql,[str(picHead.llPicID),str(picHead.nObjID),str(picHead
.nChannel),str(picHead.dwPacketIndex),picHead.szPlateChar.decode("gbk"),str(
picHead.nPlateBelive),str(picHead.dwPlateColor),str(picHead.dwPlateTop),str(
picHead.dwPlateLeft),str(picHead.dwPlateWidth),str(picHead.dwPlateHeight),st
r(picHead.dwVehicleColor),str(picHead.dwVehicleType),picHead.getRedStDateTim
e(),picHead.getRedEdDateTime(),picHead.szVehicleLogo.decode("gbk"),str(picHe
ad.dwMediaType),str(picHead.nEventType),str(picHead.nCapPicCount),str(picHea
d.nOutPicCount),str(picHead.bSynthPic),str(picHead.objInf[0].x),str(picHead.
objInf[0].y),str(picHead.objInf[0].nWidth),str(picHead.objInf[0].nHeight),st
r(picHead.objInf[0].fSpeed),str(picHead.objInf[0].nRoad),str(picHead.objInf[
```

```
1].x),str(picHead.objInf[1].y),str(picHead.objInf[1].nWidth),str(picHead.obj
Inf[1].nHeight),str(picHead.objInf[1].fSpeed),str(picHead.objInf[1].nRoad),s
tr(picHead.objInf[2].x),str(picHead.objInf[2].y),str(picHead.objInf[2].nWidt
h),str(picHead.objInf[2].nHeight),str(picHead.objInf[2].fSpeed),str(picHead.
objInf[2].nRoad),str(picHead.objInf[3].x),str(picHead.objInf[3].y),str(picHe
ad.objInf[3].nWidth),str(picHead.objInf[3].nHeight),str(picHead.objInf[3].fS
peed),str(picHead.objInf[3].nRoad),picHead.getCapTimeMs(0),picHead.getCapTim
e(0),picHead.getCapTime(1),picHead.getCapTime(2),picHead.getCapTime(3),str(p
icHead.nPicLen[0]),str(picHead.nPicLen[1]),str(picHead.nPicLen[2]),str(picHe
ad.nPicLen[3]),str(picHead.nPlateCharCnts),picHead.getPlateCharCredit(),str(
picHead.nLogType),str(picHead.nLogSubType),str(picHead.fLogCredit),str(picHe
ad.nVehType496),str(picHead.nEvtSubType),str(picHead.nNewEnergePlateType),st
r(picHead.nDirrect),str(picHead.nPlatePicLen),str(picHead.nVehPicLen),picHea
d.szHkMacaoPlate.decode("gbk"),str(picHead.nHkMacaoPlateCharCnts),"",str(pic
Head.rcHkMacaoPlate.left),str(picHead.rcHkMacaoPlate.top),str(picHead.rcHkMa
caoPlate.right),str(picHead.rcHkMacaoPlate.bottom),str(picHead.bRadarSpeed),
str(picHead.fLowSpeedTh),str(picHead.fHighSpeedTh),urlPlate[0],urlPlate[1],u
rlPlate[2],urlPlate[3],None])
        mysqlConn.commit()
        cursor.close()
    except Exception as e:
        print('INSERT tbPicHeader2017 falied!'+picHead.getEventType())
```

待事件视频记录成功后更新事件视频 url。

```
if not videoHead.decode(pData,nDataLen):
    timeArray = time.localtime(videoHead.tmEvent)
    sVideoDir= time.strftime("%Y/%m/%d/%H/", timeArray)
    svideoName=os.path.basename(videoHead.szVideoPath.decode("gbk"))
    svideoSave=saveBaseDir+'/video/'+sVideoDir
    if not os.path.exists(svideoSave): os.makedirs(svideoSave);
    svideoSave+=svideoName
    shutil.move(videoHead.szVideoPath.decode("gbk"), svideoSave)#从缓存路径下将
视频文件移动至指定目录
    urlVideo=None
    urlVideo="http://"+localIPv4+":"+str(httpPort)+'/downfile'+'/video/'+sVi
deoDir+svideoName
    sql = "UPDATE tbPicHeader2017 SET urlVideo=%s WHERE llPicID=%s;"#更新以
llPicID 为主键的事件视频链接地址
    try:
        cursor = mysqlConn.cursor()
        cursor.execute(sql,[urlVideo,str(videoHead.llPicID)])
```

```
    mysqlConn.commit()
    cursor.close()
except Exception as e:
    print('UPDATE tbPicHeader2017 falied!'+videoHead.getEventType())
```

工作实施

1. 根据自己选定的接收前端摄像机抓拍照片的具体方法,完成人脸抓拍图片质量筛查软件概要设计文档的编写,对软件的功能构成及实现方式、用户界面、接口设计进行简要描述。

2. 通过 Python 编程,完成人脸抓拍图片质量筛查软件的开发与测试。

3. 部署运行软件,检查前端摄像机抓拍照片的效果,根据发现的质量问题,拟定对前端摄像机工作参数进行检查修正的具体建议。

评价反馈

表 2-3 学生自评表

学习情境 2.1 使用高清摄像机采集需要的图片				
序号	评价项目	评价标准	分值	得分
1	掌握数字化成像的基本概念	能够正确阐述高清摄像机的成像原理	10	
2	了解图像数据的内涵	能够说出描述图片采集要求的主要指标	10	
3	掌握数字成像设备的主要技术参数	能够说出区分不同规格高清摄像机的主要技术参数	20	
4	掌握数字成像设备的基本使用方法	能够根据图像采集要求和实际采集效果独立完成摄像机工作参数的正确设定	20	
5	具备开发图像数据接收转发相关应用程序的能力	能够通过 Python 编程实现高清摄像机抓拍照片的接收、显示和保存等功能	40	
		合计	100	

表 2-4 学生互评表

学习情境 2.1 使用高清摄像机采集需要的图片										
序号	评价项目	分值	等级				评价对象			
			优	良	中	差	1	2	3	4
1	能够正确阐述高清摄像机的成像原理	10	10	8	6	4				
2	能够说出描述图片采集要求的主要指标	10	10	8	6	4				
3	能够说出区分不同规格高清摄像机的主要技术参数	20	20	16	12	8				
4	能够根据图像采集要求和实际采集效果独立完成摄像机工作参数的正确设定	20	20	16	12	8				
5	能够通过 Python 编程实现高清摄像机抓拍照片的接收、显示和保存等功能	40	40	32	24	16				
	合计	100								

表 2-5　教师评价表

序号	评价项目		评价标准	分值	得分
	学习情境 2.1　使用高清摄像机采集需要的图片				
1	考勤（20%）		无无故迟到、早退、旷课现象	20	
2	工作过程 （40%）	准备工作	能够从不同渠道收集、查阅资料，掌握可以接收高清摄像机抓拍照片并进行展示的多种方法	10	
		工具使用	能够使用高清摄像机厂商提供的 SDK 编程实现高清摄像机抓拍照片的接收、显示和保存	10	
		工作态度	能够按要求及时完成上述程序开发工作	10	
		工作方法	遇到问题能够及时与同学和教师沟通交流	10	
3	工作结果 （40%）	软件概要设计文档	软件概要设计文档关键内容完整	5	
			软件概要设计文档关键内容正确	5	
		程序质量保证	知道如何进行代码检查并实施代码检查	5	
			知道如何进行单元测试并实施单元测试	5	
			代码编写规范风格一致	5	
			代码注释清楚到位	5	
		程序质量	所有功能可用且易用，所有功能运行稳定	5	
		工作结果展示	能够准确表达、汇报工作成果	5	
	合计			100	

拓展思考

1. 如果让你负责为上述园区视频监控系统选择合适的高清摄像机产品，以确保抓拍的人脸照片符合识别要求，请简述你认为合理的选型工作流程，以及哪些是需要在选型方案中明确的关键技术指标。

2. 上网查阅收集相关资料，针对一个以高清摄像机作为前端图像采集设备的智能识别系统，整理出 2～3 种可用于接收高清摄像机采集的图像数据并展示查看的方法。

学习情境 2.2　使用高清摄像机采集需要的视频

学习情境描述

学习情境 2.2
微课视频

高清摄像机的首要功能就是采集视频，又称录像。为智能图像识别系统采集所需视频时，需要我们掌握如何设定摄像机的工作模式、如何配置摄像机的工作参数，还要能够通过摄像机的视频预览功能判断摄像机安装位置是否合理、工作参数设定是否合理，必要时开发应用软件接收摄像机采集的视频，并显示查看，以确认视频质量。

学习目标

1. 掌握摄像机操作使用方法，能够正确选择摄像机工作模式和工作参数以完成视频采集任务。

2. 学会使用摄像机的视频预览功能，通过观察摄像机采集的视频，对摄像机安装位置是否合理、工作参数设定是否合理作出判断。

3. 能够通过 Python 编程对高清摄像机采集的视频进行接收和显示查看。

任 务 书

某工业园区构建了园区视频监控系统，为了确保摄像机上传的监控视频符合人脸识别软件的输入要求，公司主管要求你使用 Python 编程开发监控视频查看软件，该软件能够对监控摄像机采集的视频进行接收和显示查看。如果在查看时发现视频画面存在质量问题（如画面没有覆盖需要监控的区域、视频画面不清晰、画面中出现的人脸过小等），则需要对摄像机的安装位置及工作参数是否设定合理进行判断和检查，必要时进行调整。

你接收到任务后，首先要了解该系统后台部署的人脸识别软件对输入视频的具体要求，以此作为正确安装摄像机和设定摄像机工作参数的依据；然后，还要了解园区视频监控系统的架构和工作过程，掌握可供选择的接收前端摄像机视频数据的不同方法，并作出决策；最后在此基础上，依次完成监控视频查看软件设计文档的编写、代码开发、测试和部署运行。

获取信息

引导问题 1：用什么方法可以查看监控摄像机采集的视频？

（1）什么是视频文件？它有哪些基本属性？

_____

_____

（2）"视频预览"和"视频回放"这两个功能的相同点和不同点主要在哪里？

_____

_____

引导问题 2：如何判断监控摄像机采集到的视频是否符合质量要求？

_____

_____

引导问题 3：如何确保监控摄像机采集到的视频符合质量要求？

_____

_____

引导问题 4：如何设置摄像机与视频采集相关的工作参数？

_____

_____

_____

引导问题5：视频文件的格式对视频的播放有什么影响？

_____

_____

引导问题6：如果发现视频画面模糊不清,你应该检查摄像机哪些工作参数是否设置合理？

_____

_____

工作计划

1. 制定工作方案

表 2-6　工作方案

步骤	工作内容
1	
2	
3	
4	
5	

2. 确定人员分工

表 2-7　人员分工

序号	人员姓名	工作任务	备注
1			
2			
3			
4			

知识准备

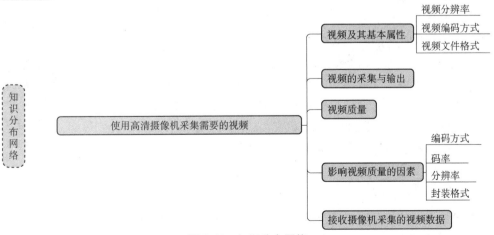

图 2-13　知识分布网络

2.2.1 视频及其基本属性

视频是由一组连续的相互关联的图片构成的，可以给我们提供动态的视觉效果。这组连续的相互关联的图片称为一个"图像序列"，其中的任何一张图片又称为该视频中的一帧图像。所以，相对于一张照片（或图片）而言，视频是多帧相互关联的图像，是动态的，也称为视频流；而图片指静态的图像，相当于视频中的一帧画面。

简言之，视频是连续的图像序列，由连续的帧构成，一帧即为一幅图像。由于人眼的视觉暂留效应，当帧序列以一定的速率播放时，我们看到的就是动作连续的视频。

视频文件的基本属性包括分辨率、编码方式、文件格式、帧率等。这些都是在明确视频采集要求时通常会用到的指标。

1. 视频分辨率

视频分辨率越高，它的画面像素量就越多，图像的层次和细节也就越丰富。

2. 视频编码方式

视频编码方式是指通过特定的压缩技术，将某个视频格式的文件转换成另一种视频格式文件的方式。视频流传输中最为重要的编解码标准有国际电联的 H.26X 系列（目前主要是 H.264、H.265），运动静止图像专家组的 M-JPEG 和国际标准化组织运动图像专家组的 MPEG 系列标准。视频压缩技术是计算机处理视频的前提。视频信号数字化后数据带宽很高，通常在 20MB/s 以上，因此计算机很难对其进行保存和处理。采用压缩技术将数据带宽降到 1～10MB/s，这样就可以将视频信号保存在计算机中并做相应的处理。

3. 视频文件格式

视频文件格式是指视频保存的格式。视频是计算机多媒体系统中的重要一环，为了适应储存视频的需要，人们设定了不同的视频文件格式来把视频和音频放在一个文件中，以方便同时回放。视频文件格式有不同的分类，常见的有：

- 微软视频：wmv、asf、asx；
- Real Player：rm、rmvb；
- MPEG 视频：mp4；
- 手机视频：3gp；
- Apple 视频：mov、m4v；
- 其他：avi、dat、mkv、flv、vob。

由于不同的播放器支持不同的视频文件格式，因此当计算机中缺少相应格式的视频解码器，或者一些外部播放装置（如手机、MP4 等）只能播放固定格式的视频时，就会出现视频文件无法播放的现象。在这种情况下，就需要使用格式转换器软件来对视频文件进行格式转换。

在线测试 2.2.1

2.2.2 视频的采集与输出

摄像机的主要功能是监视场景的视频采集与输出，与此同时，也可以根据用户使用需要进行监视场景的图片抓拍和输出。

在进行视频采集与输出时，有手动录像和自动录像两种工作方式可供选择。当选择自动录像时需要设定触发条件和录像时长，当满足触发条件的事件发生时就立即启动录像功能，并在设定的时长到达时结束录像。手动采集要先打开预览功能，观察摄像机传来的监视画面，然后按下"录像"按钮，即可对感兴趣的画面进行录制。

在使用摄像机采集输出视频时，需要设定的摄像机工作参数主要有：视频分辨率、视频编码模式、视频码流、视频帧率、视频的存储地址。使用摄像机采集视频的工作流程图如图 2-14 所示。

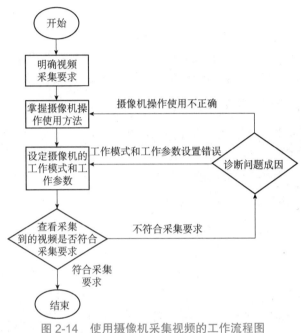

图 2-14　使用摄像机采集视频的工作流程图

在线测试 2.2.2

2.2.3　视频质量

所谓"视频质量"就是摄像机采集输出的视频能够满足采集要求的程度，越符合采集要求的视频，质量就越好。视频采集要求源自视频的用途，视频主要有两个方面的用途：一是供观看使用，二是供分析使用。从满足观看的要求出发，视频在播放时应该给人以良好的视觉效果，即视频中呈现的景物要清晰明亮、视频画面的色彩不失真、视频画面流畅不卡顿等；从满足分析使用的要求出发，会对视频的分辨率、视频画面中具体目标区域的分辨率、帧率、编码方式、视频文件格式等提出具体约定。

所以，观察判断采集到的视频是否符合采集要求，通常会从如下三方面入手进行检查。

（1）检查视频分辨率、帧率、编码方式、视频文件格式是否符合约定要求。

（2）结合后续分析及识别要求，检查视频画面中目标区域（如人体、人脸、车辆、车牌等）的分辨率是否达标。

（3）检查视频播放时的视觉效果，例如，除了画面清晰、色彩正常，最主要的就是画面流畅不卡顿。

要确保摄像机能够采集到符合使用要求的质量合格的视频，下面四个环节的工作必不可少。

1. 摄像机选型

在系统建设阶段要做好摄像机采购选型工作，既要从视频采集要求出发，确保摄像机产品的主要技术参数都能符合视频采集对视频分辨率、帧率、编码方式、视频文件格式等的具体要求，又要结合摄像机监控场景、监控目标的具体特点，明确摄像机应该具有的各项自动化、智能化功能，如自动变焦、自动曝光、自动白平衡、自适应背光补偿等。如果选型错误，那就算后面的工作做得再好，也无法保证摄像机能够采集到符合使用要求的质量合格的视频。

2. 摄像机安装调试

在系统建设阶段还要做好摄像机安装调试工作，尤其要注意摄像机安装的高度、角度和镜头焦距调节，这些都是影响目标区域清晰度和能否取得较好姿态目标图像的关键因素。

3. 摄像机工作模式及工作参数配置

在系统运行使用阶段，要结合网络传输条件及视频用途配置好视频码率，要根据现场光照条件及被识别目标的运动特性配置好摄像机光圈、快门的工作模式及参数，以及设置好白平衡、测光补光、昼夜转换等功能的工作模式。

4. 优化摄像机工作模式及工作参数配置

根据实际采集到的视频数据存在的质量问题，对摄像机安装位置、工作模式、工作参数做必要的修正。可以利用摄像机产品生产厂商提供的产品使用手册和 Web 客户端配置管理软件，对摄像机进行视频采集时的工作参数进行设定，如图 2-15 所示。

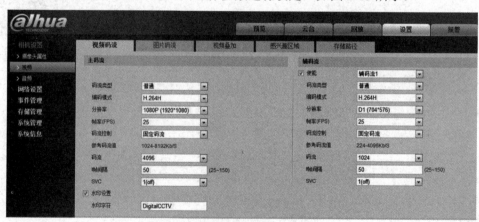

图 2-15　视频采集时的工作参数设定

说明： 使用摄像机进行视频采集时需要事先正确配置视频文件的基本属性（如编码模式、分辨率、帧率等），同时对视频输出时使用的码流进行配置。

在线测试 2.2.3

2.2.4　影响视频质量的因素

关于输出视频画质不清晰问题，主要有四大影响因素：编码方式、码率、分辨率、封装格式。这四个都是专业术语，编码方式指压缩或解压缩视频数据的算法，如 H.264、

MPEG2、MPEG4、Uncompressed 422、Prores422、Prores444 等。码率就是视频或音频每秒的数据量。分辨率是单位长度内视频包含的像素数量。封装格式即视频输出的格式，如 avi、mp4、mov 等。下面详细介绍这四个因素。

首先介绍编码方式。目前最常用的编码方式就是 H.264，用 H.264 编码器编码视频，输出的封装格式就是 mp4。封装格式可以由不同的编码方式来完成，也就可以得到不同清晰度的视频。

其次是码率。视频的码率单位通常为 Mb/s 或 MB/s，音频的码率单位为 Kb/s。每秒视频包含的数据信息越多，它的码率就越高，视频质量也就越高，文件大小也相应增大。在低码率的情况下，4K 的视频质量会比 1080p 的视频质量低，这是因为相同低码率的条件下，4K 视频的像素是 1080p 视频的 4 倍，导致 4K 视频的整体质量低于 1080p 的视频质量。随着码率的升高，4K 视频才会显现出它的优势。

码率还可以分为固定码率（CBR）和可变码率（VBR）。固定码率指视频中的每一秒的码率都是相同的。如果某一段视频的某一部分颜色突然变丰富了，或者画面变大了，固定码率的视频播放起来可能出现模糊。而可变码率不会出现模糊的现象，可变码率是根据视频中不同画面的信息丰富程度自动调整码率的，使得视频画面保持相对清晰。

再次是分辨率。分辨率有 4K、2K、1080p、720p 等，同码率情况下，分辨率越高，像素量就越多，层次和细节也就越丰富，视频就越不清晰。输出的视频分辨率不能高于源素材的分辨率，否则视频质量会大打折扣。

最后介绍封装格式。所谓的封装格式就是打包视频、音频、图像、媒体文件的格式。有时用 After Effeets 打开一个视频文件时，会提示视频无法导入，这类问题是由于视频格式不兼容或编码格式不兼容导致的，解决此类问题要对视频文件进行转码。avi 格式不支持许多现代的视频编码，mp4 格式是目前视频格式的最佳选择，mov 格式适用于 Mac 封装。

在线测试 2.2.4

2.2.5　接收摄像机采集的视频数据

方法一：利用摄像机厂家提供的产品配置管理软件对摄像机采集的视频进行预览，预览过程中使用"录像"功能即可对需要的视频进行录制，被录制的视频会保存到提前设定好的存储路径下。

方法二：对于已经设定好的自动采集视频任务，可通过摄像机厂家提供的产品配置管理软件中的"视频回放"功能，查看已经采集到的视频，并将需要进一步分析处理的视频下载到本地保存。

方法三：开发应用软件，利用厂家提供的 SDK 通过 API 实时接收摄像机采集的视频，或从通过 SDK 事先设定的视频存储地址中提取视频文件。

在线测试 2.2.5

相关案例

下面介绍一个从城市智能交通系统（见图 2-11）的图像分析处理平台上，获取交通摄像机传回的道路监控视频图像，并进行视频图像及交通事件展示的应用案例。

1．确定数据源

通过连接平台中的智能交通图像识别与视频分析服务器，获取前端摄像机传回的监测画面视频数据。

2．确定展示方式

通过浏览器访问系统所提供 WebSocket 进行实时道路监测视频画面展示，具体展示界面如图 2-16 所示。

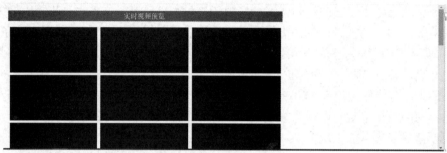

图 2-16　实时道路监测视频画面

3．确定展示页面 html 代码

通过<img>标签来展示经由 WebSocket 收集到的数据，并将数据刷新至指定通道对应的标签中。

（1）确定展示页面的 html 基础框架。

需要在<head>中增加<style>标签设置表格 css 样式配置，在<head>中增加<script>标签设置表格初始化及 WebSocket 处理函数。

（2）确定展示页面的 html 基础框架代码。

```
<!DOCTYPE html>
<html>
<head>
<meta charset="utf-8">
<title>实时预览</title>
<style>/*表格 css 样式配置*/</style>
<script>/*表格初始化及 WebSocket 处理函数*/</script>
</head>
<body>
<div id='RealPlay'>
  <h1>实时视频预览</h1>
</div>
</body>
</html>
```

（3）确定展示页面的 html 的<style>代码。

```
caption,h1{/*设置页面所有<caption>及<h1>标签的样式*/
text-align:center;/*元素即标签内文字居中对齐*/
```

```
background-color:green;/*背景色为 green(绿色)*/
color:white;}/*元素颜色为 white(白色)*/
#RealPlay{/*设置页面所有 id 为 RealPlay 的样式*/
float:left;/*标签对象在所属区域内左侧浮动*/
left:0.5%;/*标签对象左边界 0.5%的宽度*/
width:64%;/*标签对象占所属区域 64%的宽度*/
box-sizing:border-box;/*设置的边框和内边距的值是包含在 width 内的*/
position: relative;}/*相对原本自己元素应该在的位置而进行调整*/
img{/*设置页面所有<img>标签的样式*/
float:left;/*标签对象在所属区域内左侧浮动*/
padding:5px;/*标签边框宽度为 5 个像素*/
width:33.33%;/*标签对象占所属区域 33.33%的宽度*/
height: 200px;/*标签对象占所属区域的高度为 200 像素*/
transform: rotateX(180deg);/*标签对象沿 x 轴翻转 180 度, 即上下镜像*/
box-sizing:border-box;}/*设置的边框和内边距的值是包含在 width 内的*/
```

（4）确定展示页面的 html 的<script>代码。

```
var sSrvAddr=window.location.hostname//获取服务器访问 IPv4
var defViewChannel=32;//设置服务器的最大通道数
var
blackImg="data:image/jpg;base64,/9j/4AAQSkZJRgABAQEAkACQAAD/2wBDAAIBAQIBAQIC
AgICAgICAwUDAwMDAwYEBAMFBwYHBwcGBwcICQsJCAgKCAcHCg0KCgsMDAwMBwkODw0MDgsMDAz
/2wBDAQICAgMDAwYDAwYMCAcIDAwMDAwMDAwMDAwMDAwMDAwMDAwMDAwMDAwMDAwMDAwMDAwMDAwM
DAwMDAwMDAz/wAARCAABAAEDASIAAhEBAxEB/8QAHwAAAQUBAQEBAQEAAAAAAAAAAAECAwQF
BgcICQoL/8QAtRAAAgEDAwIEAwUFBAQAAAF9AQIDAAQRBRIhMUEGE1FhByJxFDKBkaEII0KxwRVS
0fAkM2JyggkKFhcYGRolJicoKSo0NTY3ODk6Q0RFRkdISUpTVFVWV1hZWmNkZWZnaGlqc3R1dnd4
eXqDhIWGh4iJipKTlJWWl5iZmqKjpKWmp6ipqrKztLW2t7i5usLDxMXGx8jJytLT1NXW19jZ2uHi
4+Tl5ufo6erx8vP09fb3+Pn6/8QAHwEAAwEBAQEBAQEBAQAAAAAAAAECAwQFBgcICQoL/8QAtREA
AgECBAQDBACFBQQAAAJ3AAECAxEEBSExBhJBUQdhcRMiMoEIFEKRobHBCSMzUvAVYnLRChYkNOEl
8RcYGRomJygpKjU2Nzg5OkNERUZHSElKU1RVVldYWVpjZGVmZ2hpanN0dXZ3eHl6goOEhYaHiImK
kpOUlZaXmJmaoqOkpaanqKmqsrO0tba3uLm6wsPExcbHyMnK0tPU1dbX2Nna4uPk5ebn6Onq8vP0
9fb3+Pn6/9oADAMBAAIRAxEAPwD+f+f+iiigD/2Q==";//定义初始画面显示黑屏
    function loadChannelVideo(channel)//指定 WebSocket 连接通道及数据处理
    {
        if ("WebSocket" in window)//判定浏览器是否支持 WebSocket
        {
            var ws = new WebSocket("ws://"+sSrvAddr+":8800");//连接服务器的
8800 端口的 WebSocket
            ws.onopen = function(){ws.send("PREVIEW_CHANNEL_"+channel);};
//发送请求获取指定通道数据
            ws.onmessage = function (evt)　//处理接收数据
            {
                var received_msg = evt.data;
                var src_url = 'data:image/jpeg;base64,' + received_msg;//
```

获取数据为 base64，根据<img>标签使用方法封装 src 数据

```
            var image = document.getElementById('realVideo'+channel);//
获取指定通道预览窗口的标签
            image.src=src_url;//更新实时预览数据
        };
        ws.onclose = function(){console.log("连接已关闭...");};
    }
    else{alert("您的浏览器不支持 WebSocket!");}
}
function realPlayInit()//实时预览初始化函数
{
    var divNode=document.getElementById('RealPlay');//获取预览区域标签
    for(var i=0;i<defViewChannel;i++)//根据服务器通道数动态创建预览<img>标签
    {
        var imgNode=document.createElement('img');//动态创建<img>标签
        imgNode.id='realVideo'+i;//设置<img>标签的 id，方便数据更新
        imgNode.src=blackImg;//设置标签的初始值为黑屏画面
        divNode.appendChild(imgNode);//将<img>标签增加至预览区域
        loadChannelVideo(i);//加载该通道的 WebSocket
    }
}
function webInit()//自定义页面初始处理函数
{
    realPlayInit();//调用实时预览初始化函数
}
window.onload = webInit;//页面加载完毕后执行函数
```

4. 确定程序所需入参

通过给定的 IP 地址，连接平台中的智能交通图像识别与视频分析服务器。因为要使用 http 服务进行交通事件记录展示，故需配置 http 访问端口，即路径，或使用默认的 80 端口。

5. 确定编程所需模块

（1）导入 WiseNemoITS.wiseNemoITS 模块，连接平台中的智能交通图像识别与视频分析服务器，获取道路监测画面实时数据。

（2）导入 wsgiref.simple_server 模块，提供 http 服务进行交通事件记录展示，进行简易的 http 服务搭建。

（3）导入 os 模块，判断并读取本地 html 文件。

（4）导入 sys 和 getopt 模块读取命令行参数。

（5）导入 time 模块，以便实现主线程延时退出。

（6）导入 websocket_server 模块，提供 WebSocket 服务。

（7）由于 websocket-server 模块及 wsgiref.simple_server 模块只能单线程运行，故需要

导入_thread 模块来进行多线程运行，而_thread 模块依赖 urllib 模块，故也需要导入 urllib 模块。

6. 构建项目可执行文件

创建 Python 可执行文件 RealTimePreview.py。

7. 程序执行流程图（见图 2-17）

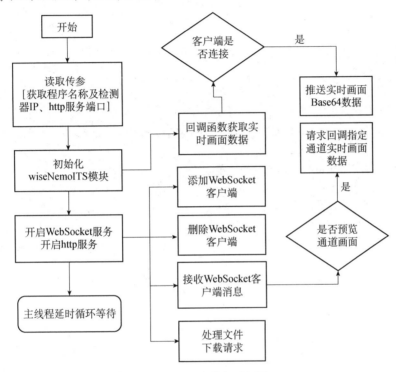

图 2-17　程序执行流程图

8. 导入程序所需模块

```
import sys, getopt
import base64
import os
import _thread
import time
from WiseNemoITS.wiseNemoITS import *
from websocket_server import WebsocketServer
from wsgiref.simple_server import make_server
import urllib
```

9. 构建程序启动入口，程序入参解析及处理

设置默认参数及入参格式' -i <ipv4> -p <port> -d <dir>'，若入参有效，则使用入参替换默认参数；如有误，则提示入参格式并退出。

```
synAddr="192.168.0.9"
httpPort=80
webSocketRealPlayPort=8800
websocketRealPlaySrv=None
lstRltClient=[]
dictRltChannel = dict()
g_pRealDataCallback=REAL_CALL_BACK(CarRealCallback)
def main(argv,appFile):
global g_pRealDataCallback
    global httpPort
    global webSocketRealPlayPort
    global synAddr
    try:
        opts, args = getopt.getopt(argv,"h:i:p:",["ipv4=","port="])
    except getopt.GetoptError:
        print('python3',appFile+' -i <ipv4> -p <port>')
        sys.exit(1)
    for opt, arg in opts:
        if opt == '-h':
            print('python3',appFile+' -i <ipv4> -p <port>')
            sys.exit(2)
        elif opt in ("-i", "--ipv4"):
            synAddr = arg
        elif opt in ("-p", "--port"):
            httpPort = int(arg)
    print("Hello World!");
    while 1:time.sleep(1);#不加循环等待，主线程将结束退出，无法收到后续数据
if __name__ == "__main__":
    main(sys.argv[1:],sys.argv[0])
```

10. WebSocket 服务端搭建

通过 websocket_server 模块快速搭建 WebSocket 服务端，监听客户端连接及断开，并将需要推送数据的客户端加入队列或移除断开的客户端。

```
def addRltClt(client, server):#新增连接回调
    print("addRltClt::"+str(client))
    global lstRltClient
    lstRltClient.append(client)#将需要推送数据的客户端加入队列
def delRltClt(client, server):#断开连接回调
    print("delRltClt::"+str(client))
    global lstCarClient
    lstCarClient.remove(client)#将断开的客户端移除
return
def recvRltClt(client,server,msg):#处理发送命令，切换预览通道
```

```
    global synAddr
    global lstRltClient
    global dictRltChannel
    if len(msg)<17:return;
    msg.upper()
    if msg[0:16]!='PREVIEW_CHANNEL_':return;
    Channel=msg[16:]
    if Channel.isdecimal() == 0:return;
    nChannel=int(Channel)
    if nChannel<0 or nChannel>32:return;
    clientId=str(client['id'])
    if clientId in dictRltChannel:
        nLast=dictRltChannel.get(clientId)
        if nLast==nChannel:return;
        dictChl= dict()
        dictChl.setdefault(clientId, nChannel)
        dictRltChannel.update(dictChl)
    else:dictRltChannel.setdefault(clientId, nChannel);
    if cytRltSdkAddCytDevice(synAddr,nChannel) == 0:return;#校验数据，通过后
预览指定通道
    lstRltClient.append(client)
    def runWebSocketRealPlayThrd(threadName, delay):#WebSocket 服务初始化线程函数
        print ("%s:%s"%(threadName, time.ctime(time.time()) ))
        global websocketRealPlaySrv
        global webSocketRealPlayPort
        websocketRealPlaySrv=WebsocketServer(webSocketRealPlayPort, "0.0.0.0")
        websocketRealPlaySrv.set_fn_new_client(addRltClt)#监听连接的客户端
        websocketRealPlaySrv.set_fn_message_received(recvRltClt)# 接收客户端数据
        websocketRealPlaySrv.set_fn_client_left(delRltClt)# 断开客户端连接
        websocketRealPlaySrv.run_forever()#启动 WebSocket 服务
        websocketRealPlaySrv.server_close()#关闭 WebSocket 服务后正常释放服务
```

11. 道路监测画面数据获取

通过 WiseNemoITS.wiseNemoITS 模块获取道路监测画面数据的流程如下。

（1）定义格式为 CFUNCTYPE(c_int, POINTER(c_char),c_int, POINTER(c_char),c_int, c_void_p,c_int, c_void_p)的回调函数，获取指定通道的 JPG 数据。

```
    def CarRealCallback(sAddr,nChannel,pPicData,nDataLen,pPictureInfo,nInfoLen,
pThis):
        global lstRltClient
        global websocketRealPlaySrv
        global dictRltChannel
        if websocketRealPlaySrv is None:
            return 0
```

55

```
        pass#处理接收到的道路监测画面数据
    return 0
```

（2）初始化及连接多路交通视频综合监测器。

```
global g_pRealDataCallback#若不加全局变量声明，将会使得使用回调的过程中被 Python
回收掉回调函数的实例
cytNetSdkInit()#初始化监测器连接模块
cytRltSdkRegRealPicback(g_pRealDataCallback)#注册监测器数据回调
while 1:time.sleep(1);#不加循环等待，主线程将结束退出，无法收到后续数据
```

12. 道路监测画面实时 WebSocket 推送

通过之前启动的 WebSocket 服务推送 CarRealCallback 回调函数获取的数据。

```
for i, client in enumerate(lstRltClient):
    clientId=str(client['id'])
    if clientId in dictRltChannel:
        nChl=dictRltChannel.get(clientId)
        if nChannel==nChl:
            websocketRealPlaySrv.send_message(client,base64.b64encode
            (pPicData[0:nDataLen]).decode())
```

13. http 简易服务搭建

通过 wsgiref.simple_server 模块快速搭建 http 服务，并响应查看抓拍详情的页面请求。

（1）定义本地文件 http 读取下载处理函数，它接收 3 个参数：filename，本地文件存储路径；environ，一个包含所有 http 请求信息的 dict 对象；start_response，一个发送 http 响应的函数。

```
def getfile(filename, environ, start_response):
    splitFileName=filename.split(".")[1]#分割获取文件后缀，以便进行后续处理
    if len(filename) <= 1:
        start_response('404 Not Found',[('Content-Type', 'application/json;
charset=utf-8')])
        return ['no file name, please import like http://ip:port/download/
filename'.encode('utf-8')]
    if os.path.exists(filename) == False:
        start_response('404 Not Found',[('Content-Type', 'application/json;
charset=utf-8')])
        return ['filename error, please check filename!'.encode('utf-8')]
    try:
        hdr_content_type_stream = ('Content-Type', 'application/octet- stream;
charset=utf-8')
        hdr_content_type_filestream = ('Content-Disposition', 'attachment;
filename="{}"'.format(filename))
        response = open(filename, 'rb').read()
        if splitFileName=='html' or splitFileName=='shtml':
```

```
        start_response('200 OK', [('Content-Type', 'text/html;charset=
utf-8')])#页面文件返回数据格式指定为 text/html;
        else:
            start_response('200 OK',[hdr_content_type_stream,hdr_content_
type_filestream])
    except:
        start_response('404 Not Found',[('Content-Type', 'application/json;
charset=utf-8')])
        return []
    return [response]
```

（2）定义一个 WSGI 标准的 http 处理函数，它接收两个参数：environ，一个包含所有
http 请求信息的 dict 对象；start_response，一个发送 http 响应的函数。

```
def application(environ, start_response):
    sPath=environ['PATH_INFO']
    if sPath=='/':
        return getfile('index.html', environ, start_response)
    if sPath=='/favicon.ico':
        return getfile('favicon.ico', environ, start_response)
    return []
```

（3）启动 WSGI 服务器，并加载 http 处理线程函数。

```
def runHttpThrd(threadName, delay):
    print ("%s: %s" % (threadName, time.ctime(time.time()) ))
    global httpPort
    httpd = make_server('', httpPort, application)
    httpd.serve_forever()#启动 http 服务
```

14. 多线程启动 http 及 WebSocket 服务

由于之前的 http 服务及 WebSocket 服务是单线程运行的模块，所以需要通过多线程模
块分别运行两个服务的线程函数。

```
    try:
        _thread.start_new_thread( runWebSocketRealPlayThrd,
("Thread-WebSocket-RealPlay", 0, ) )

        _thread.start_new_thread( runHttpThrd, ("Thread-Http", 0, ) )
    except:
        print ("Error: 无法启动线程")
```

工作实施

1. 根据自己选定的接收摄像机视频数据的具体方法，完成监控视频查看软件概要设计
文档的编写，对软件的功能构成及实现方式、用户界面、接口设计进行简要描述。

2. 通过 Python 编程，完成监控视频查看软件的开发与测试。

3. 部署运行软件，检查前端摄像机输出的视频质量，根据发现的质量问题，拟定对前端摄像机工作参数进行检查修正的具体建议。

评价反馈

表 2-8　学生自评表

序号	评价项目	评价标准	分值	得分
\multicolumn{5}{c}{学习情境 2.2　使用高清摄像机采集需要的视频}
1	掌握视频图像的基本概念	能够正确阐述视频文件的基本属性	10	
2	了解视频质量的内涵	能够正确阐述如何观察判断采集到的视频是否符合采集要求	10	
3	掌握高清摄像机主要工作参数的设定方法	能够说出在使用摄像机采集输出视频时，需要设定的摄像机主要工作参数	20	
4	掌握高清摄像机的基本使用方法	能够说出使用摄像机采集视频的工作流程	20	
5	具备开发视频图像数据接收显示相关应用程序的能力	能够通过 Python 编程对高清摄像机采集的视频文件实现接收、显示和保存等功能	40	
		合计	100	

表 2-9　学生互评表

学习情境 2.2　使用高清摄像机采集需要的视频

序号	评价项目	分值	优	良	中	差	1	2	3	4
			\multicolumn{4}{c}{等级}	\multicolumn{4}{c}{评价对象}
1	能够正确阐述视频文件的基本属性	10	10	8	6	4				
2	能够正确阐述如何观察判断采集到的视频是否符合采集要求	10	10	8	6	4				
3	能够说出在使用摄像机采集输出视频时，需要设定的摄像机主要工作参数	20	20	16	12	8				
4	能够说出使用摄像机采集视频的工作流程	20	20	16	12	8				
5	能够通过 Python 编程对高清摄像机采集的视频文件实现接收、显示和保存等功能	40	40	32	24	16				
	合计	100								

表 2-10　教师评价表

学习情境 2.2　用高清摄像机采集需要的视频

序号	评价项目		评价标准	分值	得分
1	\multicolumn{2}{c}{考勤（20%）}	无无故迟到、早退、旷课现象	20	
2	工作过程（40%）	准备工作	能够从不同渠道收集、查阅资料，掌握可以接收高清摄像机采集的视频文件并进行展示的多种方法	10	
		工具使用	能够使用高清摄像机厂商提供的 SDK 编程实现视频文件的接收、显示和保存	10	
		工作态度	能够按要求及时完成上述程序开发工作	10	
		工作方法	遇到问题能够及时与同学和教师沟通交流	10	

（续表）

序号	评价项目		评价标准	分值	得分
3	工作结果 （40%）	软件设计文档	软件设计文档关键内容完整	5	
			软件设计文档关键内容正确	5	
		程序质量保证	知道如何进行代码检查并实施代码检查	5	
			知道如何进行单元测试并实施单元测试	5	
			代码编写规范风格一致	5	
			代码注释清楚到位	5	
		程序质量	所有功能可用且易用，所有功能运行稳定	5	
		工作结果展示	能够准确表达、汇报工作成果	5	
合计				100	

学习情境 2.2　用高清摄像机采集需要的视频

拓展思考

1. 如果让你负责为上述园区视频监控系统选择合适的高清摄像机产品，以确保采集的监控视频符合人脸识别要求，请简述你认为合理的选型工作流程，以及哪些是需要在选型方案中明确的关键技术指标。

2. 上网查阅收集相关资料，针对一个以高清摄像机作为前端图像采集设备的智能识别系统，整理出 2～3 种可用于接收高清摄像机采集的监控视频并展示查看的方法。

学习情境 2.3　三维图像数据采集

学习情境 2.3
微课视频

学习情境描述

使用三维照相机采集并输出显示三维人脸数据。

学习目标

1. 能够正确阐述三维图像传感设备的成像原理。
2. 能够说出常见的三维图像表现方式。
3. 正确掌握判定三维图像数据质量的方法。
4. 能够正确操作三维图像传感设备。
5. 能够通过 Python 编程实现三维图像数据的接收、显示和保存功能。

任 务 书

某工业园区构建了园区视频监控系统，为了提升识别效率，园区视频监控系统采用了三维动态人脸识别技术，这是一种基于三维人脸注册数据库的，对视频中出现的各种姿态人脸进行快速比对、准确识别的技术，园区管理部工作人员使用三维人脸照相机对需要入园服务的快递人员进行三维人脸数据采集，将采集到的三维人脸数据实时上传到三维人脸注册数据库中保存管理。

为确保采集到的快递人员三维人脸数据符合三维动态人脸识别软件的输入要求，公司主管要求你通过 Python 编程开发一个三维人脸采集数据查看软件，该软件能够读取并显示采集到的快递人员三维人脸数据，以便判断其是否符合采集质量要求。

你接收到任务后，首先要了解三维人脸照相机工作原理，掌握三维人脸照相机工作正常操作使用方法，并且知道如何判断三维人脸采集数据是否存在质量缺陷；然后，通过了解基于三维动态人脸识别技术的园区视频监控系统架构和运行过程，确定获取三维人脸采集数据的具体方法；最后在此基础上，利用 Open3D 或 Matplotlib 提供的三维图像数据读取、显示、保存等功能函数，完成快递人员三维人脸采集数据查看软件的开发。

获取信息

引导问题 1：三维图像的展现方式有哪几种？其中最常用的是哪一种？

_____

引导问题 2：常用的点云数据文件格式有哪些？

_____

引导问题 3：用什么方法可以打开三维图像数据文件并显示其中的三维图像？

_____

引导问题 4：请简述利用 Open3D Python 编程开发三维人脸采集数据查看软件需要开展哪些工作。

_____

引导问题 5：三维人脸照相机在使用前为什么要对其进行标定？标定的作用是什么？

_____

引导问题 6：如果发现采集的三维人脸数据呈现出"阴阳脸"的情况，则应该先采取何种纠正措施？

_____

引导问题 7：如果发现显示出来的三维人脸点云模型上出现孔洞，你认为最佳的解决方案是什么？

_____
_____

引导问题 8：如果发现显示出来的三维人脸点云模型出现五官变形现象，最有可能是什么原因引起的？

_____

_____

工作计划

1. 制定工作方案

表 2-11 工作方案

步骤	工作内容
1	
2	
3	
4	
5	

2. 确定人员分工

表 2-12 人员分工

序号	人员姓名	工作任务	备注
1			
2			
3			
4			

知识准备

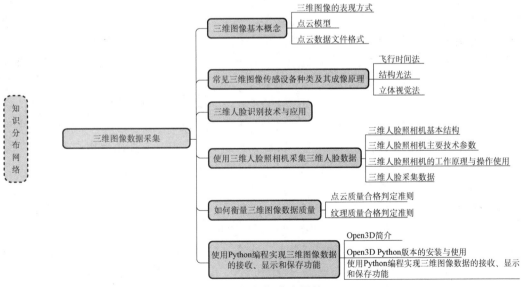

图 2-18 知识分布网络

2.3.1 三维图像基本概念

根据数字图像所能展现的视觉效果，可以将数字图像分为两大类：二维平面图像（又称 2D 图像或二维图像）和三维立体图像（又称 3D 图像或三维图像）。我们日常所说的图片（或照片）、视频（或录像）都属于二维图像，它只能够提供并展示所包含景物的高度和宽度信息；而三维图像除展示景物的高度和宽度外，还能够展示其纵深（深度）信息。三维图像不仅可以让我们获得比浏览二维图像更加逼真的现实世界立体视觉效果，而且还让我们能够从不同角度去观察所含景物的细节，从而获得更加完美的视觉体验。随着社会的进步发展，仅靠二维视觉信息已经很难满足人们不断变化的需求，目前各种三维技术已经越来越多地被应用到人们的日常工作和生活中。

1. 三维图像的表现方式

与二维图像相比，三维图像多了"深度"这个第三个维度的信息。作为一种特殊的信息表达形式，三维图像数据可使用各种传感设备直接获取，并表示为深度图（以灰度表示物体与相机的距离，一般可由深度相机直接获得）、几何模型（由 CAD 软件建立）、点云模型（使用逆向工程设备获取）等多种不同形式，如图 2-19～图 2-21 所示。其中，点云模型是最为常见、最基础的三维模型。

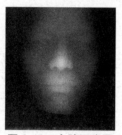 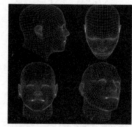 

图 2-19　人脸深度图　　　　图 2-20　人脸几何模型　　　　图 2-21　人脸点云模型

逆向工程，也叫反求工程（Reverse Engineering），是指从实物上采集大量的三维坐标点，并由此建立该物体的几何模型，进而开发出同类产品的先进技术。逆向工程与一般的设计制造过程相反，是先有实物后有模型。仿形加工就是一种典型的逆向工程应用。目前，逆向工程的应用已从单纯的技巧性手工操作，发展到采用先进的计算机及测量设备，进行测量、设计、分析、制造等活动。

逆向工程源于商业及军事领域中的硬件分析，其主要目的是在不能轻易获得必要的生产信息的情况下，直接从成品分析、推导出产品的设计原理。逆向工程已被广泛地应用到新产品开发和产品改型设计、产品仿制、质量分析监测等领域，它的主要作用是：

- 缩短产品的设计、开发周期，加快产品的更新换代速度；
- 降低企业开发新产品的成本与风险；
- 加快产品的造型和系列化的设计；
- 适合单件、小批量的零件制造，特别是模具的制造。

逆向工程设备是指在逆向工程中可用于完成产品三维数据采集并输出其点云模型的设备，根据工作方式不同可分为：接触式三维测量设备和非接触式三维测量设备。

由于接触式测量设备（如三维坐标测量机）在工作过程中测量头始终与待测物体表面

保持接触，故其具有测量数据精度较高、工作时受环境因素影响小的优势，但在待测物体体积较大、物体表面柔软易变形和物体表面受力易损坏等场合的应用中受到一定限制。

非接触式测量设备在工作时不与测量对象表面接触，而是保持一定距离。非接触式测量设备的测量精度虽然不如接触式测量设备，但适用范围广，且随着技术发展，其精度也在不断提高。目前在三维重建领域，接触式测量设备多用于工业测量领域，而非接触式测量设备的应用领域相对更广一些。

非接触式测量设备可分为主动式设备和被动式设备。主动式设备是指测量设备通过向目标发射能量（光线、电磁波、声波等)并检测返回能量来获得测量值；被动式设备没有主动能量源，依赖于周围环境光线成像来进行测量。

2. 点云模型

在逆向工程中通过测量仪器得到的产品外观表面测量点的数据集合称为点云（Point Cloud），可以将"点云"简单地理解为"同一空间中海量的点的集合"。

通常，使用三维坐标测量机所得到的测量点数据量比较少，点与点的间距也比较大，这种点云被称为"稀疏点云"；而使用三维激光扫描仪或照相式测量仪得到的测量点数据量比较大，并且测量点比较密集，这种点云被称为"密集点云"。

被测量物体的点云模型可通过三维测量设备直接得到。点云模型中的每个点对应一个测量点，未经过其他处理手段，故包含了最大的信息量。这些信息隐藏在点云中需要通过其他提取手段将其萃取出来，提取点云中信息的过程即三维图像处理。

虽然根据使用的测量手段（设备）不同，三维点云数据所包含的内容也会有差别，但通常都会包括测量点的三维空间坐标（XYZ）和其颜色（RGB）信息。

3. 点云数据文件格式

点云数据获取便捷，易于存储，具有离散和稀疏特性，方便扩展为高维的特征信息，已经成为近年来三维图像处理相关研究的主要内容之一。目前，常用的点云数据存储格式有*.ply、*.wrl 、*.psd、*.las 等。

*.ply 是斯坦福大学开发的一套三维 mesh 模型数据格式，该格式主要用以存储立体扫描结果的三维数值，通过多边形片面的集合描述三维物体。作为一种多边形模型数据格式，每个 ply 文件只用于描述一个多边形模型对象。

*.wrl 是 VRML 文件，可由 VRML 浏览器直接运行，也可通过安装插件使用 IE 浏览器运行。

.psd 是 Adobe 公司的图形设计软件 Photoshop 的专用格式。.psd 文件可以存储成 RGB 或 CMYK 模式，还能够自定义颜色数并加以存储，还可以保存 Photoshop 的层、通道、路径等信息，是目前唯一能够支持全部图像色彩模式的格式，但文件体积庞大，在大多平面软件内部可以通用（如 CD、AI、AE 等)，另外在一些其他类型编辑软件内也可使用，如 Office 系列，但浏览器类的软件不支持。

.las 是一种用于存储由光学遥感器收集的光探测和测距（LIDAR）数据的标准文件格式，它不仅可为在数据提供者与数据使用者之间交换 LIDAR 数据提供方便，也是为了克服现有激光雷达数据中的一些复杂性而设计的。.las 文件按每条扫描线排列方式存放数据，

包括激光点的三维坐标、多次回波信息、强度信息、扫描角度、分类信息、飞行航带信息、飞行姿态信息、项目信息、GPS 信息、数据点颜色信息等。

2.3.2 常见三维图像传感设备种类及其成像原理

在线测试 2.3.1

三维图像传感设备是融合三维测量与三维模型生成功能于一身的三维成像设备，目前三维成像技术主要依赖于飞行时间法、结构光法、立体视觉法等实现对目标三维信息的感知和收集。

1. 飞行时间法（Time of Flight，ToF）

飞行时间法（Time of Flight，ToF）的基本工作原理为利用光飞行的时间差来获取物体的深度。该方法是一种主动式三维测量方法，利用激光或超声波的传播速度固定的性质，由测量仪器向物体发射激光或超声波，根据发射和返回的时间差就可求出物体的深度，如图 2-22 所示。该方法受环境光照影响小，测量精度较高。

图 2-22　PMD 公司的工业 ToF 相机及基于 ToF 法的自动导引叉车

2. 结构光法

结构光法投影三维成像的基本原理是通过光学投影系统将拥有特殊图案的结构光投射至被测物体表面，并使用图像获取设备（如 CCD 或 CMOS 相机）采集被测物体表面的结构光图像，通过使用图像处理算法计算分析被测物体表面结构光图像的变形情况，最终得到被测物体的三维轮廓信息，如图 2-23 所示。

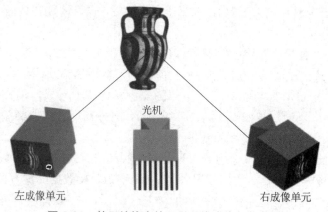

光机

左成像单元　　　　　　　　　　　右成像单元

图 2-23　基于结构光的双目三维成像工作原理

结构光法投影三维成像目前是机器人 3D 视觉感知的主要方式，其系统一般是由若干个投影仪和相机组成，"单投影仪—双相机"是结构光法三维成像系统的典型结构形式，如图 2-24 所示。

图 2-24　基于红外结构光的深度相机：Astra Stereo S U3

3. 立体视觉法

立体视觉法是指通过模仿人眼感知客观世界的方式，利用从不同的视点获取的两幅或多幅图像重构目标物体三维信息。

立体视觉三维成像方法可以分为单目视觉、双目视觉、多（目）视觉和光场三维成像等，其中最为典型的是双目立体视觉三维成像。

双目立体视觉三维成像是利用两个相机从两个不同的视点对同一个目标物体获得两个视点图像，然后计算两个视点图像的视差以此获得目标物体的三维深度信息，如图 2-25 和图 2-26 所示。

图 2-25　双目立体视觉三维成像原理示意图

图 2-26　基于双目立体视觉的 Intel 实感深度摄像头

立体视觉法一般使用普通摄像机，对硬件要求较低，但需用多幅图像间接推导出深度信息，这一过程难度较大，计算过程相对复杂。

目前国内外有许多厂商生产提供三维成像设备，如 PrimeSense 公司的 PrimeSensor、微软的 Kinect、华硕的 XTionPRO、川大智胜的三维全脸照相机等。

在线测试 2.3.2

2.3.3　三维人脸识别技术与应用

人脸识别，是基于人的脸部特征信息进行其身份识别的一种生物识别技术，也是当前图像处理、模式识别和计算机视觉领域的一个热门研究课题。相较于指纹识别、虹膜识别等其他的生物识别技术，人脸识别由于使用方便，且在使用过程中具有非侵扰性和无接触性优势，因而在许多领域都得到快速推广应用。

一个完整的人脸识别过程通常由四个阶段构成，如图 2-27 所示。

（1）建立人脸注册数据库。

（2）通过各种方式获取需要识别的目标人脸图像。

（3）将目标人脸图像与人脸注册数据库中既有的人脸图像比对并生成比对识别结果。

（4）输出人脸识别结果。

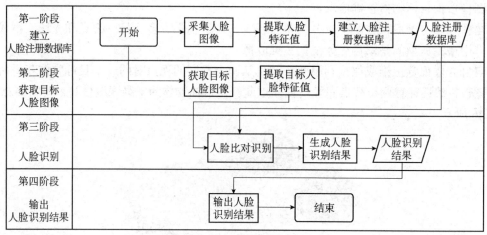

图 2-27　人脸识别过程

根据在构建人脸注册数据库阶段采集入库的是二维人脸数据还是三维人脸数据，可以将人脸识别系统分为"二维人脸识别系统"和"三维人脸识别系统"。由于三维人脸图像所拥有的信息比二维人脸图像更加丰富，各种关键特征点也更为明显和清晰，目前三维人脸识别系统在实际应用过程中的表现已经优于二维人脸识别系统，尤其是在防伪性、对人脸姿态的适应性，以及动态人脸识别准确率方面。

目前国内已经有厂商推出了实用型的三维人脸数据采集设备或三维人脸识别系统，如奥比中光的三维摄像头模组，川大智胜的三维全脸照相机、动态人脸识别服务器和三维动态人脸识别系统。

川大智胜的三维动态人脸识别系统可接入监控视频进行人脸识别，其基本工作原理是：首先对在视频画面中出现的各种姿态的人脸进行动态检测捕获，其次将检测到的人脸与预先采集注册的高精度三维人脸数据做 1：N 实时比对，最后将比对结果进行展示或输出给业务系统使用，如图 2-28 所示。该系统还可以接收人脸抓拍照片进行实时识别。

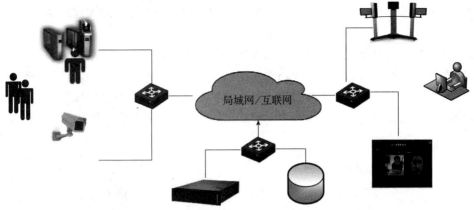

图 2-28　三维动态人脸识别系统

　　区别于二维人脸识别系统，三维动态人脸识别系统的主要创新点在于使用三维图像传感设备（如三维全脸照相机）实现高精度（深度精度在 0.2 mm 以上）三维人脸数据采集建模，用三维人脸数据代替二维人脸照片作为识别底库（即三维人脸注册数据库）；利用大量三维人脸数据进行机器学习，提升识别算法精度和性能，使之能在不同光照条件下捕获大角度人脸进行比对识别，并能对脸部有局部遮挡（如戴口罩）及有大面积污渍的人脸进行正确识别，从而大幅度提升人脸识别系统的防伪能力、环境适应能力和工作效率。

　　三维人脸识别系统运行的基础是要构建一个三维人脸注册数据库，可使用市面上已有的三维人脸数据采集设备（如三维人脸照相机、三维人脸摄像头）开展此项工作。由于照相机的数据采集精度通常高于小型摄像头，故针对具有高等级防伪要求的应用场景建议使用三维人脸照相机开展三维人脸数据采集建库工作，如图 2-29 和图 2-30 所示。

在线测试 2.3.3

图 2-29　三维人脸摄像头模组

图 2-30　三维人脸照相机

2.3.4　使用三维人脸照相机采集三维人脸数据

1. 三维人脸照相机基本结构

　　三维人脸照相机作为三维人脸数据采集专用设备，拍照速度快，建模精度高，可实现高保真纹理、左耳到右耳 180° 人脸范围三维数据采集。采集获得的三维人脸点云模型能够满足动态人脸识别、医学、三维建模、三维显示、动画等领域的应用需求。

　　三维人脸照相机一般由图像感知采集单元、三维建模单元、三维数据管理（保存与输出）单元构成。

　　（1）图像感知采集单元：由照相机和结构光投影仪（光机）组成，完成人脸三维数据与纹理图像获取。

（2）三维建模单元：指部署运行在三维人脸照相机主机中的三维重建算法，用于实现三维人脸重建。

（3）三维数据管理单元：由部署在三维人脸照相机主机中的三维数据管理软件构成，主要提供人脸点云模型的本地保存和输出功能。

目前，市面上已有的三维人脸照相机基本上都是采用结构光双目成像技术，其最明显的外观特征就有左右两个（组）采集单元和独立的结构光投射光机，如图 2-31 所示。

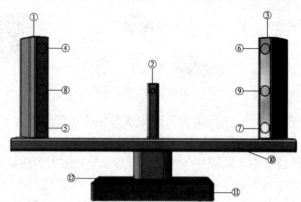

①左采集单元；②交互相机模组；③右采集单元；④左上相机；⑤左下相机；⑥右上相机；⑦右下相机；
⑧光机；⑨光机；⑩机架；⑪电源开关；⑫主机机箱

图 2-31　三维人脸照相机基本结构

2. 三维人脸照相机主要技术参数（见表 2-13）

表 2-13　三维人脸照相机技术参数表

产品型号	川大智胜 HFTD01
深度测量精度	≤0.1mm
采集速度	<0.22s
三维人脸重建时间	<8s
平均点距	0.5mm
技术方案	可见结构光投影
最佳拍摄距离	中间单元 73cm
环境光照要求	≤220Lux（目标表面照度）
点云输出格式	ply、wrl
功耗	280W
外观尺寸	1500mm×350mm×650mm
毛重	视各款式定（25～30kg）

对于三维成像设备而言，能够达到的深度测量精度、生成的点云模型中所有测量点间的平均点距体现了设备的三维数据采集能力；而采集速度、三维人脸重建时间则是对设备工作效率的反映；技术方案、最佳拍摄距离、环境光照要求、点云输出格式、设备功耗则

体现的是设备性价比。以上都是我们在进行设备选型时要注意的关键指标。

3. 三维人脸照相机的工作原理与操作使用

三维人脸照相机在使用前通常要先进行标定，这是三维人脸照相机正常工作的基础条件。当设备经过运输颠簸后，或在使用过程中发现三维建模拼接融合出现异常时，都需要重新开展标定工作。标定的目的是通过调整左右采集单元的工作参数和安装角度，确保最终得到的三维人脸点云模型满足质量要求。标定工作通常需要使用专用的标定板、标定模型，在标定软件的配合下完成。标定时先后对左采集单元、右采集单元进行标定，然后做单元间标定。三维人脸照相机采用基于结构光的双目三维成像工作原理。

采集开始时，先由光机向目标物投射结构光，同时左右两个采集单元拍摄获取目标物表面带有结构光图案的图像，并将图像数据传递给三维建模单元进行处理；三维建模单元利用建模算法完成三维模型重建，并将结果传递给三维数据管理单元；三维数据管理单元接收到三维模型数据后，进行本地保存，同时输出给外接显示设备或上传至后台数据库。

使用三维人脸照相机采集三维人脸数据的工作流程如图 2-32 所示。

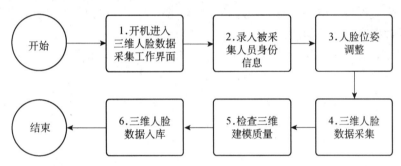

图 2-32　三维人脸采集工作流程图

（1）开机进入三维人脸数据采集工作界面，如图 2-33 所示。

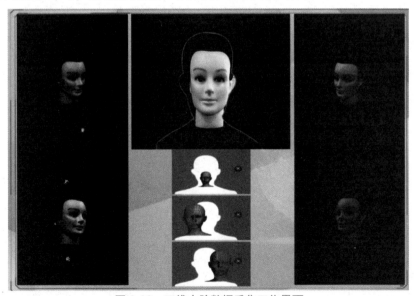

图 2-33　三维人脸数据采集工作界面

（2）录入被采集人员身份信息：可通过与设备相联的身份证读卡器刷身份证自动录入，也可手工录入。录入内容包括姓名、证件号等。

（3）人脸位姿调整：当被采集人员在三维人脸照相机前坐下时，要确保从采集工作界面上看到的被采集人员人脸都能够处在 5 个相机视频图像的中心位置，如图 2-33 所示。注意：为了保证三维人脸建模质量，被采集人员应未佩戴眼镜、口罩、发饰、帽子等会遮挡脸部、额头和耳朵的饰物。

（4）三维人脸数据采集：单击"立即采集"按钮，拍照后软件自动进行三维建模计算。

（5）检查三维建模质量：通过"三维显示"功能可进行全屏显示、缩放、旋转、切换显示等操作，仔细查看三维人脸照相机采集生成的人脸三维面片、三维点云、三维纹理数据，并判断采集数据是否合格，若不合格则提示被采集人员调整位姿再次采集。

（6）三维人脸数据入库：三维建模计算完成后自动保存三维人脸数据到设置的文件目录。

4. 三维人脸采集数据

三维人脸采集设备生成的三维人脸原始数据通常由人员 ID 信息、三维人脸图像数据、二维人脸图像数据三个部分组成。

一般情况下，在完成采集操作后三维人脸采集设备会将上述内容打包成一个后缀名为.data 的压缩文件保存到本地，如图 2-34 所示。

图 2-34　三维人脸原始数据压缩文件

将上述*.data 文件更名为*.zip 文件并解压后，就可以看到其中包含的一个三维点云文件（.wrl）及若干个二维图片文件（.jpg），如图 2-35 所示。

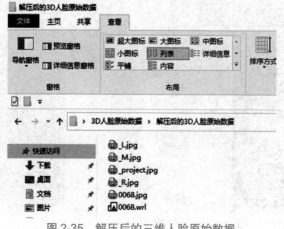

图 2-35　解压后的三维人脸原始数据

实际工作中，如果要查看采集到的三维人脸图像，就必须读取与指定人员 ID 相关联的三维点云文件（.wrl），并将其显示出来。

在线测试 2.3.4

2.3.5 如何衡量三维图像数据质量

三维人脸模型由三维点云数据和纹理数据组成，若二者皆符合要求，则判定三维人脸模型质量合格。

1. 点云质量合格判定准则（见图 2-36）

（1）脸部齐全，无明显缺失（采集时需要注意不要让目标人脸被头发覆盖）。

（2）脸部无孔洞、毛刺（采集时需要注意人脸不能晃动）。

2. 纹理质量合格判定准则（见图 2-37 和图 2-38）

（1）无"阴阳脸"现象（"阴阳脸"主要是环境光照不均匀造成的，需要通过补光来改善环境光照条件，或将采集设备移动至环境光照条件好的位置上）。

（2）无大面积过曝现象（过曝是光照太强造成的，需要合理调整采集设备工作参数，或采取适当降低环境光照强度的措施）。

（3）五官无错位现象（错位是左右两个采集单元的数据无法正常融合造成的，需要通过重新进行相机标定加以解决）。

图 2-36 合格的三维人脸点云数据

图 2-37 合格的三维人脸纹理数据

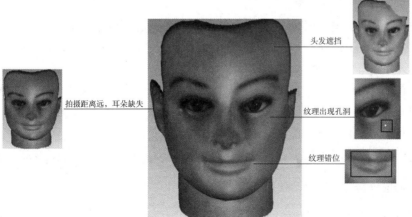

图 2-38 不合格的三维人脸采集结果示意图

在线测试 2.3.5

2.3.6　Python 编程实现三维图像数据的接收、显示和保存功能

由于数据内容构成的特殊性和文件格式的多样化，因此需要使用专业软件才能对三维图像数据进行显示和编辑处理。目前，针对三维图像数据的读、写与显示，有许多方法可供选择，既可以下载使用三维仿真设计方面的商用软件，如 Solidworks、Geomagic Studio、LiDAR360；也可通过安装第三方插件（如 BS Contact VRML 浏览器、CosmoWorld 浏览器）使用 IE 浏览器来实现；甚至还可以借助支持三维数据处理软件快速开发的开源库，如 PCL、Open3D、MeshLab，通过自己开发应用程序来实现相关功能。

下面就介绍一下如何基于 Open3D 通过 Python 编程来实现三维图像数据的接收、显示和保存。

1. Open3D 简介

目前，作为支持三维数据处理软件快速开发的开源库，PCL 和 Open3D 都可以实现三维点云数据的读、写和显示。其中，Open3D 前端使用 C++和 Python 公开了一组精心选择的数据结构和算法，后端经过高度优化设置为并行化。Open3D 具有两个接口：C++和 Python。Open3D 由 Intel 公司发布，其核心功能包括：

- 3D 数据结构；
- 3D 数据处理算法；
- 场景重建；
- 表面配准；
- 3D 可视化；
- 基于物理的渲染（PBR）；
- 支持 PyTorch 和 TensorFlow 的 3D 机器学习；
- GPU 加速的核心 3D 操作；
- 支持 C++和 Python。

Open3D 不仅能够精简地显示点云数据，而且还在 3D 可视化方面提供了许多自定义的功能。关于 Open3D Python 版本的详细使用指南，大家可以浏览 Open3D 官方文档和 GitHub。

2. Open3D Python 版本的安装与使用

在使用 Open3D 开发三维图像处理应用软件前，需要先安装 Open3D。

Open3D 预构建的 pip 和 conda 包支持的操作系统包括 Ubuntu 18.04+、MacOS 10.14+和 Windows 10(64-bit)，Python 版本为 3.5、3.6、3.7 和 3.8。

conda 是一个开源的包和环境管理器，可以用于在同一个机器上安装不同版本的软件包及其依赖项，并能够在不同的环境之间进行切换。

（1）通过 pip 安装 Open3D，代码如下：

```
pip install open3d
```

（2）通过 conda 安装 Open3D，代码如下：

```
conda isntall -c open3d-admin open3d
```

当安装完成后测试安装是否成功，代码如下：

```
python -c "import open3d as o3d"
```

如果没有报错，则安装成功。

也可通过 Anaconda 安装 Open3D，安装过程如下。

首先，安装 Anaconda3。Anaconda 指的是一个开源的 Python 发行版本，其包含了 conda、Python 及其他安装好的工具包，如 numpy、pandas 等。 因为包含了大量的科学包及其依赖项，所以 Anaconda 的下载文件比较大（约 531 MB），如果只需要某些包，或者需要节省带宽及存储空间，也可以使用 Miniconda 这个较小的发行版（仅包含 conda 和 Python）。

Anaconda3 安装好后，即可按下列步骤安装 Open3D。

① 单击计算机的"开始"按钮找到 Anaconda3 菜单，如图 2-39 所示。

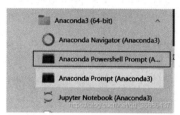

图 2-39　Anaconda3 菜单

②单击方框中的选项，打开 Anaconda3 界面，如图 2-40 所示。

图 2-40　Anaconda3 界面

③输入：

```
pip install open3d
```

④当安装完成后测试 Open3D 安装是否成功：

```
python -c "import open3d as o3d"
```

如果没有报错，则 Open3D 安装成功。

3. 使用 Python 编程实现三维图像数据的接收、显示和保存功能

基于 Open3D 开发 Python 程序，实现三维图像数据的接收、显示和保存需要用到下列函数。

- read_point_cloud：从文件中读取点云数据，它会根据扩展名对文件进行解码。
- write_point_cloud：将点云数据写入指定的文件中，并说明文件类型。
- draw_geometries：可视化点云数据。可用来显示三维点云（3D Point Cloud）、三维面片（Mesh）和二维图像（Image）。打开可视化界面，可通过鼠标对图像进行缩放、旋转和平移等操作，以便从不同的视角查看图像，还可以改变图像的渲染风格和进行屏幕截图操作。
- print( )：显示点云数据的摘要。

Open3D 可以通过文件扩展名自动推断文件类型，它支持的点云数据格式有 xyz、pts、ply、pcd，支持的面片数据格式有 ply、stl、obj、off、gltf，支持的二维图像数据格式有 jpg。

与点云数据的数据结构相比，三维面片数据包含定义三维曲面所需的三角形。

为了顺利完成三维点云文件的读取和保存，需要事先了解清楚：①三维成像设备采集输出的三维图像数据是存放在采集设备本机上，还是已经实时上传至相关系统后台的服务器上保存了，具体的存放地址和文件名是什么；②经过应用软件处理完成后的三维图像数据应该保存在什么地方，具体的存放地址和文件名有什么要求。

三维点云文件读写代码示例如下：

```
print("Testing IO for point cloud ...")
pcd = o3d.io.read_point_cloud("../../TestData/fragment.pcd")
print(pcd)
o3d.io.write_point_cloud("copy_of_fragment.pcd", pcd)
>>>>Testing IO for point cloud ...
>>>>geometry::PointCloud with 113662 points.
```

三维面片文件读写代码示例如下：

```
print("Testing IO for meshes ...")
mesh = 03d.io.read_triangle_mesh("../../TestData/knot.ply")print(mesh)
o3d.io.write_triangle_mesh("copy_of_knot.ply",mesh)
>>>>Testing IO for meshes ...
>>>>geometry::TriangleMesh with 1440 points and 2880 triangles.
```

二维图像文件读写代码示例如下，其中，使用 print(img) 可以很容易地显示图像的大小。

```
print("Testing IO for images ...")
img = o3d.io.read_image("../../TestData/lena_color.jpg")print(img)
o3d.io.write_image("copy_of_lena_color.jpg", img)
>>>>Testing IO for images ...>>>>Image of size 512x512, with 3
channels.>>>>Use numpy.asarray to access buffer data.
```

点云数据文件的读取与显示代码示例如下：

```
import open3d as o3d
import numpy as np
```

```
print("读取点云数据并可视化")
pcd=o3d.io.read_point_cloud("tree.pcd")
print(pcd)
print(np.asarray(pcd.points))
o3d.visualization.draw_geometries([pcd])
```

上述代码的执行结果如图 2-41 所示。

图 2-41　执行效果图

在线测试 2.3.6

相关案例

当我们使用三维图像采集设备获取三维人脸图像数据后，可以使用不同的工具将其展示出来，如 OpenGL、Open3D、Matplotlib 等。

1. Matplotlib

Matplotlib 是 Python 的一个绘图库，它包含了能够进行二维及三维图形图像绘制与展示的各种工具。绘制与展示三维图像主要是通过 Matplotlib 的 mplot3d 模块实现的。mplot3d 模块主要包含如下四个大类。

● mpl_toolkits.mplot3d.axes3d()：主要包含了各种实现绘图的类和方法。

● mpl_toolkits.mplot3d.axis3d()：主要包含了和坐标轴相关的类和方法。

● mpl_toolkits.mplot3d.art3d()：包含了一些可将二维图像转换并用于三维绘制的类和方法。

● mpl_toolkits.mplot3d.proj3d()：包含了一些零碎的类和方法，如计算三维向量长度等。

其中，mpl_toolkits.mplot3d.axes3d() 中的 mpl_toolkits.mplot3d.axes3d.Axes3D() 类是进行三维图形图像绘制与展示时最常用的类。而 Axes3D() 下面又存在绘制不同类型三维图的方法。可以通过 from mpl_toolkits.mplot3d.axes3d import Axes3D 或 from mpl_toolkits.mplot3d import Axes3D 导入 Axes3D()。

mplot3d 模块会随着 Matplotlib 自动安装，使用 Matplotlib 绘制三维图像实际上是在二维画布上进行展示，所以一般在绘制三维图像时，同样需要载入 pyplot 模块。

在使用三维人脸采集数据进行三维人脸图像绘制与展示时，会经常用到 mplot3d 模块中的下列几种三维图像绘制方法：

- Plot3D：绘制三维空间的折线图或点图；
- Scatter3D：绘制三维散点图；
- contour3D：通过绘制三维等高线来形成三维模型的轮廓图；
- plot_surface：绘制三维表面图；
- plot_plot_trisurf：对离散数据进行三角化，并绘制包含三角形边的三维表面图。

2. 使用 Python Matplotlib 实现三维图像绘制及显示

（1）实现三维图像绘制及显示的五个步骤。

第一步：载入三维绘图模块。

```
from mpl_toolkits.mplot3d import Axes3D
import matplotlib.pyplot as plt
import numpy as np #当需要使用numpy来生成三维图像数据时，则需要导入
```

第二步：创建三维图形对象（包括画板对象 figure、坐标轴对象 axes）。

```
fig = plt.figure()
ax = Axes3D(fig)
```

第三步：生成（或导入）三维图像数据。例如：

```
theta = 2 * np.pi * np.random.random(1000)
r = 6 * np.random.random(1000)
x = np.ravel(r * np.sin(theta))
y = np.ravel(r * np.cos(theta))
z = f(x, y)
```

第四步：绘制三维图像（包括调用不同的绘图方法绘制所需的图形，给绘制好的图形着色，给绘制好的图形添加标题、坐标轴、文字说明等附加信息）。例如，使用上一步生成的数据，调用散点图绘制方法 ax.scatter()绘制三维散点图，并使用 viridis 配色方案为三维图像上色：

```
ax.scatter(x, y, z, c=z, cmap='viridis', linewidth=0.5)
```

或是使用上一步生成的数据，调用三维曲面图绘制函数 ax.plot_trisurf()来绘制三维曲面图，并使用 viridis 配色方案为三维图像上色：

```
ax.plot_trisurf(x, y, z, cmap='viridis', edgecolor='none')
```

第五步：显示绘制好的三维图像。

```
plt.show()
```

使用上述三维图像数据和方法生成的三维散点图及三维曲面图展示效果如图 2-42 和图 2-43 所示。

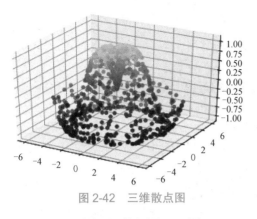

图 2-42　三维散点图

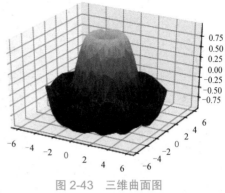

图 2-43　三维曲面图

（2）程序执行流程图（见图 2-44）。

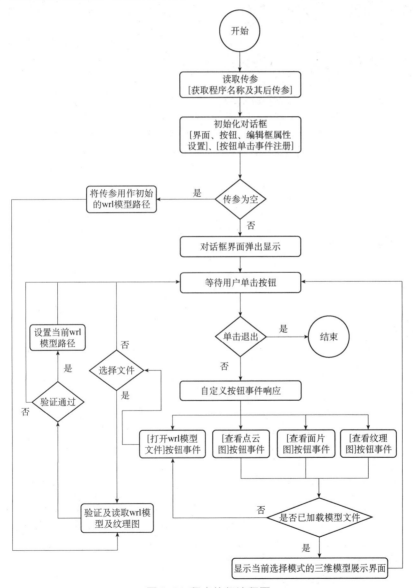

图 2-44　程序执行流程图

（3）程序代码。

```
#!/usr/bin/python3
#coding:utf-8

import os
import sys
import time
import getopt

import win32ui
import win32con
import win32api

import numpy as np
from PIL import Image
from matplotlib import cm
from pywin.mfc import dialog
import matplotlib.pyplot as plt
from mpl_toolkits.mplot3d import Axes3D
from mpl_toolkits.mplot3d.art3d import Poly3DCollection,Line3DCollection

IDC_EDIT_SEL=2000
IDC_BTN_SEL=2001
IDC_BTN_POINT=2002
IDC_BTN_PATCH=2003
IDC_BTN_VEIN=2004


def New3DFaceDlg():
    title="3DFace"
    BtnW=512
    BtnH=12
    BtnPex=5
    BtnPos=BtnPex
    style = (win32con.DS_MODALFRAME|win32con.WS_POPUP|win32con.WS_VISIBLE|
win32con.WS_CAPTION|win32con.WS_SYSMENU|win32con.DS_SETFONT)
    buttonstyle = win32con.WS_TABSTOP | win32con.WS_CHILD | win32con.WS_VISIBLE

EditWrl=(['Edit',"",IDC_EDIT_SEL,(BtnPex,BtnPos,BtnW,BtnH),win32con.WS_CHILD
|win32con.WS_VISIBLE|win32con.ES_READONLY|win32con.ES_LEFT|win32con.WS_BORDE
R|win32con.WS_TABSTOP]);BtnPos=BtnPos+BtnPex+BtnH
    BtnSel = (['Button', '打开wrl模型文件', IDC_BTN_SEL, (BtnPex,BtnPos, BtnW,
BtnH), buttonstyle|win32con.BS_PUSHBUTTON]);BtnPos=BtnPos+BtnPex+BtnH
```

```
        BtnPoint = (['Button', '查看点云图', IDC_BTN_POINT, (BtnPex,BtnPos,
BtnW,BtnH), buttonstyle|win32con.BS_PUSHBUTTON]);BtnPos=BtnPos+BtnPex+BtnH
        BtnPatch = (['Button', '查看面片图', IDC_BTN_PATCH, (BtnPex,BtnPos,
BtnW,BtnH), buttonstyle|win32con.BS_PUSHBUTTON]);BtnPos=BtnPos+BtnPex+BtnH
        BtnVein = (['Button', '查看纹理图', IDC_BTN_VEIN, (BtnPex,BtnPos,
BtnW,BtnH), buttonstyle|win32con.BS_PUSHBUTTON]);BtnPos=BtnPos+BtnPex+BtnH
        BtnCancel = (['Button', '退出', win32con.IDCANCEL, (BtnPex,BtnPos,
BtnW,BtnH), buttonstyle|win32con.BS_PUSHBUTTON]);BtnPos=BtnPos+BtnPex+BtnH
        dlg = ['Python', (0,0,BtnW+2*BtnPex,BtnPos), style, None, (8, 'MS Sans
Serif')]
        init = []
        init.append(dlg)
        init.append(EditWrl)
        init.append(BtnSel)
        init.append(BtnPoint)
        init.append(BtnPatch)
        init.append(BtnVein)
        init.append(BtnCancel)
        return init

    class My3DFaceDialog(dialog.Dialog):
        wrlPath=None
        jpgPath=None
        x=[]
        y=[]
        z=[]
        clrPex=[]

        def OnInitDialog(self):
            rc = dialog.Dialog.OnInitDialog(self)
            self.HookCommand(self.OnSelWrl,IDC_BTN_SEL)
            self.HookCommand(self.OnBtnPoint,IDC_BTN_POINT)
            self.HookCommand(self.OnBtnPatch,IDC_BTN_PATCH)
            self.HookCommand(self.OnBtnVein,IDC_BTN_VEIN)
            if self.wrlPath is not None:
                self.SetDlgItemText(IDC_EDIT_SEL,self.wrlPath)
            return rc
        def setSelWrl(self,wrlPath):
            print("setSelWrl[%s]" % wrlPath)
            if wrlPath is None or len(wrlPath)==0:
                return
            if os.path.exists(wrlPath) == False:
                win32api.MessageBox(0, wrlPath+"该文件不存在", "提醒",win32con.MB_
ICONWARNING)
```

```
        return
    jpgPath=wrlPath.split(".")[-2]
    if len(jpgPath)==0:
        jpgPath=None
    else:
        jpgPath=jpgPath+'.jpg'
    if jpgPath is None or os.path.exists(jpgPath) == False:
        win32api.MessageBox(0, jpgPath+"该文件不存在", "提醒",win32con.MB_
ICONWARNING)
        return
    img=np.array(Image.open(jpgPath).convert('RGB'))
    imgH=len(img)
    imgW=len(img[0])
    if img is None or imgH==0 or imgW==0:
        win32api.MessageBox(0, jpgPath+"文件读取异常", "提醒",win32con.
MB_ICONWARNING)
        return
    x=[]
    y=[]
    z=[]
    clrPex=[]
    imgClr=[]
    pointCdIdx=[]
    textureIdx=[]
    file = open(wrlPath)
    work=0
    index=0
    num=0
    for line in file:
        if work==0:
            if line.find('DEF Flames Shape')>=0:
                work=work+1
                index=0
            continue
        elif work==1:
            if line.find('geometry IndexedFaceSet')>=0:
                work=work+1
                index=0
            continue
        elif work==2:
            if line.find('coord Coordinate')>=0:
                work=work+1
                index=1
            elif line.find('texCoord TextureCoordinate')>=0:
```

```
            work=work+1
            index=2
        elif line.find('coordIndex')>=0:
            work=work+2
            index=3
        elif line.find('texCoordIndex')>=0:
            work=work+2
            index=4
        continue
    elif work==3:
        if line.find('point')>=0:
            work=work+1
        continue
    elif work==4:
        if line.find('[')>=0:
            #print("Index[%d]Start" % index)
            work=work+1
            num=0
        continue
    elif work==5:
        if line.find(']')>=0:
            work=2
            #print("Index[%d]End" % index)
            index=0
            continue
        num=num+1
        if index==1:
            line = line.replace(',','')
            line=line.strip(' \r\n')
            line=line.split(' ')
            x.append(float(line[0]))
            y.append(float(line[1]))
            z.append(float(line[2]))
            #if num==1:print('%f %f %f' % (x[num-1],y[num-1],  z[num-1]));
        elif index==2:
            line = line.replace(',','')
            line=line.strip(' \r\n')
            line=line.split(' ')
            w=int(float(line[0])*imgW)
            h=imgH-int(float(line[1])*imgH)
            pex=img[h][w]
            clr=('#%02x%02x%02x' % (pex[0],pex[1],pex[2]))
            imgClr.append(clr)
            #if num==1:print('%d X %d - %s' % (w,h,clr));
```

```python
        elif index==3:
            line = line.replace(',','')
            line=line.strip(' \r\n')
            line=line.split(' ')
            if len(line)>=3:
                #if num==1:print('%s,%s,%s' % (line[0],line[1],line[2]));
                pointCdIdx.append(int(line[0]))
                pointCdIdx.append(int(line[1]))
                pointCdIdx.append(int(line[2]))
        elif index==4:
            line = line.replace(',','')
            line=line.strip(' \r\n')
            line=line.split(' ')
            if len(line)>=3:
                #if num==1:print('%s,%s,%s' % (line[0],line[1],line[2]));
                textureIdx.append(int(line[0]))
                textureIdx.append(int(line[1]))
                textureIdx.append(int(line[2]))
        else:
            print("Index[%d]Error" % index)
            break
        continue
    continue
file.close
pointCount=len(x)
imgPexCount=len(imgClr)
if pointCount==0 or imgPexCount==0:
    win32api.MessageBox(0, "读取点云数据异常", "提醒",win32con.MB_ ICONASTERISK)
    return
if len(pointCdIdx)>len(textureIdx):
    win32api.MessageBox(0, "读取索引数据异常", "提醒",win32con.MB_ ICONASTERISK)
    return
point_text=[-1]*pointCount
num=-1
for idx in pointCdIdx:
    num=num+1
    if idx>=pointCount:
        continue
    if textureIdx[num]>=imgPexCount:
        continue
    point_text[idx]=textureIdx[num]
for idx in point_text:
    if idx<0 or idx>=imgPexCount:
        clrPex.append('#000000')
```

```
                print("Index Color Error")
            else:
                clrPex.append(imgClr[idx])
        self.x=x
        self.y=y
        self.z=z
        self.clrPex=clrPex
        self.wrlPath=wrlPath
        self.jpgPath=jpgPath


    def OnSelWrl(self,wParam,lParam):
        print("OnSelWrl[%s]" % self.wrlPath)
        dlg    =    win32ui.CreateFileDialog(1,None,self.wrlPath,win32con.
OFN_FILEMUSTEXIST,"3D Model Files (*.wrl)|*.wrl||")
        dlg.DoModal()
        wrlPath = dlg.GetPathName()
        self.setSelWrl(wrlPath)
        self.SetDlgItemText(IDC_EDIT_SEL,wrlPath)
    def OnBtnPoint(self,wParam,lParam):
        print("OnBtnPoint[%s]" % self.wrlPath)
        if self.wrlPath is None or len(self.wrlPath)==0:
            win32api.MessageBox(0, "请先选择 wrl 模型文件", "提醒",win32con.
MB_ICONASTERISK)
            self.OnSelWrl(0,0)
            if len(self.wrlPath)==0:
                return
        fig = plt.figure(facecolor='black')
        ax = fig.add_subplot(projection = '3d')
        ax.scatter(self.x, self.y, self.z,c='g',marker='.',s=1,linewidth=0,
alpha=1,cmap='spectral')
        ax.axis('off')
        ax.patch.set_facecolor("black")
        ax.view_init(90,-90)
        plt.subplots_adjust(top = 1, bottom = 0, right = 1, left = 0, hspace = 0,
wspace = 0)
        plt.show()
    def OnBtnPatch(self,wParam,lParam):
        print("OnBtnPatch[%s]" % self.wrlPath)
        if self.wrlPath is None or len(self.wrlPath)==0:
            win32api.MessageBox(0, "请先选择 wrl 模型文件", "提醒",win32con.
MB_ICONASTERISK)
            self.OnSelWrl(0,0)
            if len(self.wrlPath)==0:
                return
```

```
            fig = plt.figure(facecolor='black')
            ax = fig.add_subplot(projection = '3d')
            ax.plot_trisurf(self.x, self.y, self.z)
            ax.axis('off')
            ax.patch.set_facecolor("black")
            ax.view_init(90,-90)
            plt.subplots_adjust(top = 1, bottom = 0, right = 1, left = 0, hspace
= 0, wspace = 0)
            plt.show()
        def OnBtnVein(self,wParam,lParam):
            print("OnBtnVein[%s]" % self.wrlPath)
            if self.wrlPath is None or len(self.wrlPath)==0:
                win32api.MessageBox(0, "请先选择 wrl 模型文件", "提醒",win32con.
MB_ICONASTERISK)
                self.OnSelWrl(0,0)
                if len(self.wrlPath)==0:
                    return
            fig = plt.figure(facecolor='black')
            ax = fig.add_subplot(projection = '3d')
            ax.scatter(self.x, self.y, self.z,color=self.clrPex,s=4)
            ax.axis('off')
            ax.patch.set_facecolor("black")
            ax.view_init(90,-90)
          plt.subplots_adjust(top = 1, bottom = 0, right = 1, left = 0, hspace = 0, wspace = 0)
            plt.show()
    def main(argv,appFile):
        print("hello nemo start!")
        dlg=New3DFaceDlg()
        mydialog = My3DFaceDialog(dlg)
        if len(argv)>0:
            mydialog.setSelWrl(argv[0])
        mydialog.DoModal()
    if __name__ == "__main__":
        main(sys.argv[1:],sys.argv[0])
```

工作实施

    1. 根据设备厂商提供的产品使用手册，熟练掌握三维图像采集设备的操作使用。

    2. 设定好三维图像数据在采集设备本地存储或上传至后台服务器存储的具体路径及文件名，并使用三维图像采集设备完成三维人脸数据的采集。

    3. 通过 Python 编程，完成三维人脸数据查看软件的开发。

    4. 运行三维人脸数据查看软件，检查三维人脸数据采集效果，若发现质量问题，则采取必要的纠正措施，并重新进行采集，直至采集的三维图像数据合格。

评价反馈

表 2-14　学生自评表

学习情境 2.3　三维图像数据采集

序号	评价项目	评价标准	分值	得分
1	掌握三维图像数据基本概念	能够说出三维图像的主要表现方式，知道什么是点云模型	20	
2	了解不同类型三维成像设备的工作原理	能够正确阐述 ToF、结构光、立体视觉等不同的三维成像技术原理	20	
3	了解三维成像设备的主要技术参数	能够说出基于深度测量的三维成像设备的主要技术参数	10	
4	掌握三维人脸照相机的基本使用方法	能够正确阐述为何在使用三维人脸照相机采集人脸数据前要首先做好相机的标定工作	10	
5	具备使用开发三维图像处理应用软件的基本能力	能够通过 Open3D Python 编程实现三维人脸数据的读取、显示和保存	40	
		合计	100	

表 2-15　学生互评表

学习情境 2.3　三维图像数据采集

序号	评价项目	分值	等级				评价对象			
			优	良	中	差	1	2	3	4
1	能够说出三维图像的主要表现方式，知道什么是点云模型	10	10	8	6	4				
2	能够正确阐述 ToF、结构光、立体视觉等不同的三维成像技术原理	20	20	16	12	8				
3	能够说出基于深度测量的三维成像设备的主要技术参数	10	10	8	6	4				
4	能够正确阐述为何在使用三维人脸照相机采集人脸数据前要首先做好相机的标定工作	20	20	16	12	8				
5	能够通过 Open3D Python 编程实现三维人脸数据的读取、显示和保存	40	40	32	24	16				
	合计	100								

表 2-16　教师评价表

学习情境 2.3　三维图像数据采集

序号	评价项目		评价标准	分值	得分
1	考勤（20%）		无无故迟到、早退、旷课现象	20	
2	工作过程（40%）	准备工作	能够掌握三维成像设备的正确操作并完成 Open3D 安装	10	
		工具使用	能够通过 Open3D Python 编程实现三维图像数据的读取、显示和保存	10	
		工作态度	能够按要求及时完成上述程序开发工作	10	
		工作方法	遇到问题能够及时与同学和教师沟通交流	10	

（续表）

序号	评价项目		评价标准	分值	得分
3	工作结果（40%）	软件设计文档	软件设计文档关键内容完整	5	
			软件设计文档关键内容正确	5	
		程序质量保证	知道如何进行代码检查并实施代码检查	5	
			知道如何进行单元测试并实施单元测试	5	
			代码编写规范风格一致	5	
			代码注释清楚到位	5	
		程序质量	所有功能可用且易用，所有功能运行稳定	5	
		工作结果展示	能够准确表达、汇报工作成果	5	
		合计		100	

学习情境 2.3　三维图像数据采集

拓展思考

通过 Conda 完成 Open3D 的安装。

单元3 搭建智能图像识别系统数据分析与应用支撑平台

本书第 1 单元中介绍了智能识别系统通常由智能感知、数据传输、分析识别、业务应用四个子系统构成，它们分别对应着信息处理过程中的信息采集、信息传输、信息加工分析和信息处理结果应用这四个环节。其中，分析识别子系统负责接收前端智能感知子系统传来的数据，利用事先部署的各种智能分析和识别软件对数据进行处理，完成被识别对象属性或行为的辨识和分类，并将识别结果及时保存，供业务应用子系统调用，或是通过通信网络传送给业务应用子系统使用。

从物理构成上看，分析识别子系统主要由能够承担海量数据及时处理分析、数据安全管理，以及支撑系统业务功能和 AI 能力实现的各种类别不同的服务器构成。这些服务器虽然用途各不相同，但它们通过有序连接，相互协作，平稳运行，为整个系统各项功能的正常发挥提供了保障，是支撑整个系统正常运行不可或缺的基础设施。在实际工作中我们也经常将该子系统与建筑物的地基平台相类比，形象地称其为"智能识别系统的数据分析与应用支撑平台"，主要是想要突出说明该子系统在整个智能识别系统中所扮演的重要角色和承担的重要职责。

做好智能识别系统数据分析与应用支撑平台搭建所需的各类服务器选配工作，制定科学的服务器配置方案，明确应该配置的服务器的种类、数量及关键技术参数要求，是智能识别应用系统数据分析与应用支撑平台建设的一项核心任务，其工作质量对智能识别应用系统能否高效、稳定、智能化运行有着深远的影响，必须认真学习掌握。

另外，如果需要建设的智能识别系统每天都要处理大量新增业务数据，而且处理结果又需要长期安全保存以供后续业务开展使用，由于单台数据库服务器的容量有限，在这种情况下还会在平台中增加独立的数据存储设备（如磁盘阵列）承担数据备份工作，与数据库服务器一起共同实现系统数据的安全保存职责。

在实际工作中，影响智能识别系统服务器配置的因素有很多，但归纳起来，主要体现在三个方面：系统的技术需求、用户的业务需求和系统建设成本限制。系统建设团队通常会从这三个方面入手，全面收集和分析相关信息，然后依次确定系统建设所需配置的服务器种类、数量和关键技术参数要求，形成服务器配置方案，指导平台搭建工作。

智能识别系统服务器选配工作流程如图 3-1 所示，本单元将分别介绍如何确定系统建设所需配置的服务器种类、如何确定各类服务器的配置数量和关键技术参数要求，以及在些基础上如何对服务器配置方案进行优化。

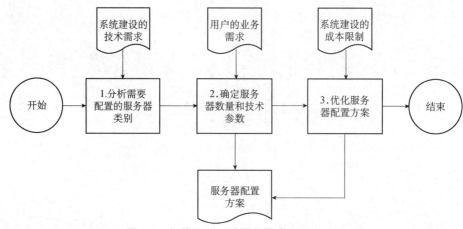

图 3-1　智能识别系统服务器选配工作流程

　　在本单元中，我们将通过三个学习情境，向大家具体介绍如何顺利完成智能识别系统服务器选配工作。本单元的教学导航如图 3-2 所示。

教学导航	知识重点	1.服务器基本概念及其作用 2.服务器关键组件及相关技术参数 3.服务器性能评价标准 4.常见的服务器分类方法 5.影响服务器配置的主要因素 6.智能图像识别系统服务器配置方法 7.智能图像识别系统服务器主要技术参数确定方法 8.智能图像识别系统服务器配置方案优化方法 9.智能图像识别系统服务器选型工作过程
	知识难点	1.智能图像识别系统服务器主要技术参数确定方法 2.智能图像识别系统服务器配置方案优化方法
	推荐教学方法	从服务器基本概念入手，先详细介绍服务器关键组件及相关技术参数，再分别介绍服务器性能评价标准和常见的服务器分类方法，在此基础上，结合智能图像识别系统服务器配置方法及工作流程，详细介绍如何根据系统技术特点明确需要配置的服务器种类，如何从满足用户的业务需求出发确定所需各类服务器的数量及主要技术参数，如何根据系统建设的成本限制对服务器配置方案进行优化
	建议学时	12学时
	推荐学习方法	首先，要认真掌握服务器基本概念、服务器关键组件及主要技术参数、服务器性能评价标准和常见的服务器分类方法；其次，要正确理解影响服务器配置的三个关键因素；最后，结合智能识别系统的服务器配置方案工作流程，完成要求的智能识别系统服务器配置方案设计工作
	必须掌握的理论知识	服务器基本概念、服务器关键组件及主要技术参数 服务器性能评价标准和常见的服务器分类方法 影响服务器配置的三个关键因素 智能识别系统的服务器配置方案工作流程
	必须掌握的技能	智能图像识别系统服务器配置方案设计 智能图像识别系统服务器配置方案优化

图 3-2　教学导航

学习情境 3.1　分析需要配置的服务器类别

学习情境描述

　　从系统建设的技术需求入手，明确系统需要配置的服务器类别。

学习情境 3.1
微课视频

学习目标

1. 正确掌握服务器基本概念及其作用。
2. 了解服务器关键组件及相关技术参数。
3. 了解基于用途的服务器分类。
4. 正确理解智能识别系统技术需求内涵。
5. 正确掌握智能图像识别系统服务器配置方法。

任务书

某工业园区需要对快递人员进入园区进行授权管理和轨迹跟踪，为此他们计划构建一个园区人脸识别系统。

该系统由前端设备和管理后台两部分构成。其中，前端设备主要负责人员图像采集和出入控制，由部署在园区大门口的人脸识别闸机、部署在园区内道路沿线及各类建筑物出入口的高清监控摄像机和部署在园区管理部的三维人脸照相机组成；管理后台负责图像数据处理、分析和应用软件的运行，由部署在园区机房的各类服务器及一套"园区快递人员管理系统"应用软件组成。

请你与项目组成员一起根据了解到的系统建设用户需求（见表 3-1）和用户认可的解决方案（系统拓扑图见图 3-3），对搭建该系统管理后台需要部署的服务器进行规划，并在此基础上明确系统需要配置的服务器类别，按表 3-2 所示的模板提交"园区人脸识别系统服务器配置说明"文档。

表 3-1　园区人脸识别系统建设需求表

园区人脸识别系统建设需求		
系统建设目的	通过对外来高风险人群的精细化管理，加强园区防控能力，提升园区智能化管理水平	
用户想要解决的关键问题	作为提供公共服务的从业人员，快递人员因工作性质，每天需要进出各种场所、接触众多人员，流动性大。为了确保园区物流快递服务正常进行，需要对快递人员进入园区进行实名登记，对其在园区内的行踪进行详细记录	
系统建设目标	通过采用三维动态人脸识别技术，结合园区出入口人员通行闸机（2 套双向进出双通道闸机）安装和园区内视频监控设备（40 套 200 万高清摄像机）部署，对所有进入园区的快递人员做到"精准识别、授权进入、轨迹跟踪、自动记录"	
系统主要功能需求	功能项	功能描述
	快递人员进入园区授权管理	1. 可对需要进入园区的快递人员进行登记注册，并采集人脸信息，估计总人数约 500 人 2. 只有登记注册过人脸信息的快递人员才会通过园区出入口人员通行闸机的人脸识别进入园区开展服务，估计日均进入园区的快递人员人数为 300 人左右 3. 能够自动生成并保存快递人员进入和离开园区的通行记录，以便查询、统计和分析，所有通行记录的保存时间为一年
	快递人员园区内运行轨迹查看	可根据快递人员姓名或照片查询其近半年内任何一天在园区的行动轨迹，并展示在园区电子地图上
	统计分析	1. 可统计某天进入园区的快递人员总数 2. 可统计某快递人员一周内出入园区次数 3. 可根据一周的统计数据分析出快递人员出入园区的高峰时间段

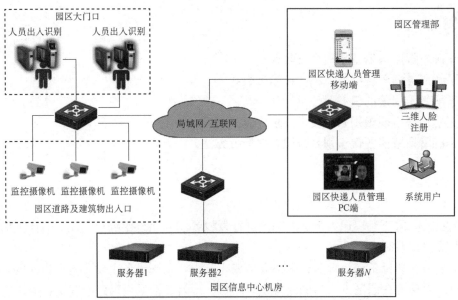

图 3-3　园区人脸识别系统拓扑图

表 3-2　智能识别系统服务器配置说明文档模板

园区人脸识别系统服务器配置说明		
一、需要配置的服务器类别清单		
序号	服务器类别	服务器用途简要说明
1		
2		
3		
4		
二、配置理由说明		

获取信息

引导问题 1：正确认识服务器。

（1）什么是服务器？它的主要用途是什么？

_____

_____

（2）服务器与普通 PC 的主要区别是什么？

_____

_____

（3）服务器的主要组件有哪些?它们的作用是什么？

_____

_____

（4）服务器的 CPU、内存、硬盘、网卡都有哪些主要性能参数？

_____

_____

（5）描述服务器 GPU 卡性能的主要技术参数有哪些？

_____

_____

引导问题 2：举例说明根据用途不同，计算机网络系统中的服务器可分成哪些类别？
（1）EB 服务器的作用是什么？

_____

_____

（2）数据库服务器的作用是什么？

_____

_____

（3）建设智能识别应用系统时通常会用到 GPU 服务器，它的作用是什么？

_____

_____

引导问题 3：什么是计算机网络系统的服务器配置方案？
（1）服务器配置方案包含哪些内容？

_____

_____

（2）影响智能识别系统服务器配置方案的关键因素有哪些？

_____

_____

（3）制定智能识别系统服务器配置方案的工作流程是什么？

_____

_____

引导问题 4：智能识别系统的技术需求是如何影响系统的服务器配置方案的？
（1）智能识别系统的技术需求包含哪些内容？

_____

_____

（2）智能识别系统的技术需求是从哪些方面影响系统的服务器配置方案的？

_____

_____

引导问题 5：软件架构有关问题。
（1）什么是软件架构（或软件体系结构）？

_____

_____

（2）在开发面向业务管理行业的应用软件时，有哪些常用的软件架构模式？

_____

_____

工作计划

1. 制定工作方案

表 3-3　工作方案

步骤	工作内容
1	
2	
3	
4	
5	

2. 确定人员分工

表 3-4　人员分工

序号	人员姓名	工作任务	备注
1			
2			
3			
4			

知识准备

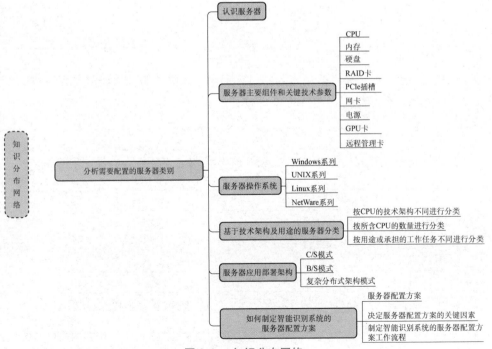

图 3-4　知识分布网络

3.1.1　认识服务器

从功能的角度看，服务器通常指在各种计算机网络系统中为客户端设备（如 PC、智能手机、平板电脑等）提供计算、应用和数据服务的一种高性能计算机，它作为计算机网络系统中的重要节点，存储、处理了计算机网络系统中 80%以上的数据和信息。

从性能的角度看，与普通 PC 相比，服务器具有高速的 CPU 运算能力、长时间的可靠运行、强大的 I/O 外部数据吞吐能力，以及更好的扩展性。

从内容构成上看，服务器也是由硬件和软件构成的。服务器与普通 PC 在内部硬件结构方面相差不大，但由于服务器在稳定性、安全性、性能等方面的要求更高，因此其 CPU、内存、硬盘、网卡等硬件和普通 PC 有所不同，在质量和数据处理能力方面更强，这也是服务器通常比 PC 运行更快、负载更高、价格更贵的原因。

服务器上安装运行的软件根据服务器的用途不同而不同，但一般都会包括操作系统、基础软件（如文件管理系统、数据库管理系统及各种中间件等）和应用软件这三种。

在线测试 3.1.1

3.1.2　服务器主要组件和关键技术参数

与普通 PC 一样，服务器也是由 CPU、内存、硬盘、网卡、电源、机箱等硬件组成的。

1. CPU

CPU 是一块超大规模的集成电路，它作为服务器最核心的运算部件，主要负责处理数值的运算和硬件的控制，相当于服务器的大脑。服务器的性能如何，主要是由服务器的 CPU来决定的。根据 CPU 所采用的指令系统不同，服务器的 CPU 通常分为 CISC 型、RISC 型和 EPIC 型。

CISC 是英文 Complex Instruction Set Computing（复杂指令集运算）的缩写，在 CISC型 CPU 中指令是按照串行来执行的。CISC 型 CPU 一般都是 32 位的结构，其优点是简单，缺点是运行慢、利用率不高。目前市面上的 CISC 型 CPU 主要有 Intel 的至强系列 CPU 和AMD 的服务器 CPU 这两类。

RISC 是英文 Reduced Instruction Set Computing（精简指令集运算）的缩写，它是在 CISC指令系统基础上发展起来的。相对于 CISC 型 CPU，RISC 型 CPU 不仅精简了指令系统，还采用了一种叫作"超标量和超流水线结构"的架构，将指令分为多步，并行执行，提高运行速度。在同等频率下，采用 RISC 架构的 CPU 比 CISC 架构的 CPU 性能高很多，所以精简指令集可能会是以后服务器处理器的发展趋势。目前市面上的 RISC 型 CPU 主要有IBM 公司的 POWER 系列处理器、SUN 公司的 SPARC 系列处理器，以及 ARM 处理器。

EPIC 是英文 Explicitly Parallel Instruction Computing（显式并行指令集运算）的缩写，它是在 VLIW（Very Long Instruction Word，超长指令集，把许多指令组合在一起，实现指令级并行，从而提高运行速度）的基础上发展起来的。EPIC 型 CPU 是一种 64 位结构的CPU，目前市面上主要有 Intel 的安腾系列 CPU。

目前，全球服务器 CPU 生产厂商主要有四家，它们分别是 Intel，IBM，SUN 和 ARM。在选择 CPU 的时候，需要考虑 CPU 的主频、核心数及线程数。

（1）主频：主要用来表示 CPU 运算处理数据的速度。一般来说，主频越高，CPU 处理数据的速度也就越快。

（2）核心数：为了提升服务器的性能，目前在制造服务器 CPU 芯片的过程中已经出现了多核心技术，即将多个 CPU（核心）集成到单一集成电路芯片中，形成一个多核 CPU 芯片。CPU 的核心数越多，服务器的并发处理能力越强。

（3）线程数：一般情况下，每个核心都会有一个线程，几核心就会有几个线程。但随着超线程技术（一项允许 CPU 同时执行多个控制流的技术）的出现，可以使单核心具备两个线程，双核四线程。服务器的线程数越大，速度也就越快，但相应的功耗也就越大。

2. 内存（组件、典型技术、品牌等）

内存的主要作用是暂时存放 CPU 中的运算数据，以及与硬盘等外部存储器交换的数据。计算机在运行时，CPU 会把需要运算的数据调到内存中进行运算，当运算完成后 CPU 再将结果传送出来。所以，内存是与 CPU 进行沟通的桥梁。另外，服务器中所有程序的运行都是在内存中进行的，因此内存的性能对服务器的稳定运行影响非常大。

服务器的内存由内存芯片组（由多个采用 DDR 技术的 SDRAM 内存芯片组成）、电路板、金手指三部分构成，由于从外观上看就是一个条形电路板，所以又称为内存条。

服务器内存的主要技术参数有内存条类型、存储容量、工作电压和主频。

（1）内存条类型：根据功能不同，内存条主要有 UDIMM（无缓冲双列直插内存模块）、RDIMM（带寄存器的双列直插内存模块）、LRDIMM（低负载双列直插内存模块）三种类型，如表 3-5 所示。

表 3-5　服务器常用内存条类型

类型	技术	频率（MT/s）	性能	价格
UDIMM	SDRAM、DDR、DDR2、DDR3、DDR4	266~2133	低	低
RDIMM	DDR、DDR2、DDR3、DDR4	333~3200	较高	较高
LRDIMM	DDR3、DDR4	1333~3200	高	高

①UDIMM 容量和频率较低，容量最大支持 4GB，频率最大支持 2133 MT/s，是一款价格低廉的内存条，适用于低端 CPU 平台，可用于服务器领域，也被广泛用于桌面市场。

②RDIMM 较 UDIMM 更为稳定，支持更高的容量和频率，其容量最大支持 32GB，频率最高支持 3200MT/s。RDIMM 主要用于服务器市场，适用于各种主流场景。但由于其使用了寄存器，延迟较高，也加大了能耗，因此价格也比 UDIMM 昂贵。

③LRDIMM 可以说是 RDIMM 的替代品，其一方面降低了内存总线的负载和功耗，另一方面又提供了更大的容量支持。虽然其最高频率和 RDIMM 一样，均为 3200MT/s，但在容量上提高到了 64GB。LRDIMM 也主要用于服务器领域，尤其适合大容量场景，但其价格也较 RDIMM 更贵些。

（2）存储容量：目前单个内存条的容量已经由 4GB 逐渐发展到 8GB、16GB、32GB、64GB、128GB。

（3）工作电压：随着设计制造技术的不断提升，新一代 DDR 内存芯片的工作电压越来越低，数字越小代表耗能越低。与 DDR1 工作电压为 2.5V 相比，目前 DDR5 的工作电压只有 1.1V（注：DDR2 的工作电压为 1.8V，DDR3 为 1.35V，DDR4 为 1.2V）。

（4）主频：内存主频决定着该内存最高能在什么样的频率上正常工作。内存主频越高，在一定程度上代表着内存所能达到的速度越快，性能也就越好。目前较为主流的是 333MHz 和 400MHz 的 DDR 内存，667MHz、800MHz 和 1066MHz 的 DDR2 内存，1066MHz、1333MHz、1600MHz 的 DDR3 内存，2133MHz、2400MHz、2666MHz、2800MHz、3000MHz、3200MHz 的 DDR4 内存。

3. 硬盘（分类、关键参数、选购要素等）

服务器的硬盘主要用来存储各类数据，其关键指标有存储介质类型、接口类型、容量、转速、数据传输速率。

（1）存储介质类型。目前服务器硬盘根据使用的存储介质不同，主要分为机械硬盘（HDD）和固态硬盘（SSD）两种，如表 3-6 所示。机械硬盘采用磁性碟片来存储，主流尺寸有 3.5 英寸和 2.5 英寸两种规格，价格相对便宜，空间相对也很大，但数据读取速率不如固态硬盘。固态硬盘采用闪存颗粒来储存，以区块写入和抹除的方式完成读写，数据读取比机械硬盘要快很多，主流尺寸为 2.5 英寸。由于没有机械结构，与机械硬盘相比，固态硬盘具有低耗电、耐震、稳定性高、耐低温等优点，受到用户好评，只是价格相对较贵。

表 3-6　服务器常用硬盘类型

存储介质	HDD	SSD
接口类型	SATA、SAS	PCIe、SAS、SATA
转速	SATA：7200 转/min SAS：10000 转/min，15000 转/min	没有转速的说法
容量	SATA：2.5 英寸，500/1000GB SATA：3.5 英寸，1/2/3/4/6TB SAS：300/600/900/1200GB	100/200/400/800/1600GB
最高 数据传输速率	SATA：180MB/s SAS：240MB/s	1024MB/s

（2）接口类型。硬盘接口是硬盘与主机系统间的连接部件，作用是在硬盘缓存和主机内存之间传递数据。不同的接口类型决定着硬盘与计算机之间的连接速度，影响着程序运行快慢和系统性能好坏。目前，服务器硬盘常用接口类型有 SATA 接口、SAS 接口和 PCIe 接口三种。其中，服务器用固态硬盘主要采用 PCIe 接口，而机械硬盘基本采用 SATA 或 SAS 接口。

（3）容量。采用 SATA 接口的机械硬盘容量一般为 250GB 的整倍数，目前 2.5 英寸 SATA 机械硬盘的主流容量有 500/1000GB，3.5 英寸 SATA 机械硬盘的主流容量有 1/2/3/4/6TB；采用 SAS 接口的机械硬盘容量一般为 300GB 的整倍数，目前 2.5 英寸 SAS 机械硬盘的主流容量有 300/600/900/1200GB，而固态硬盘的主流容量有 100/200/400/800/1600GB。

（4）转速。转速是针对机械硬盘而言的，固态硬盘没有转速的说法。转速的大小会影响存储数据的效率，服务器中使用的 SATA 硬盘转速多为 7200 转/min，SAS 硬盘转速有 10000 转/min 和 15000 转/min 两种。

（5）数据传输速率。硬盘的数据传输速率是指硬盘读写数据的速度，单位为 MB/s，是衡量硬盘性能的主要指标之一。

4. RAID 卡

RAID 卡又称为阵列器，其作用就是将多块单独的物理硬盘以不同的方式组合成一个逻辑硬盘，以提高硬盘的数据存储效率和数据安全性。RAID 是 Redundant Arrays of Independent Drives（独立冗余磁盘阵列）的简称。RAID 分为很多级别，常用级别有 RAID0、RAID1、RAID3、RAID5、RAID6、RAID10、RAID50。

5. PCIe 插槽

PCI-Express（Peripheral Component Interconnect Express）是一种高速串行计算机扩展总线标准，简称"PCIe"，是由 Intel 在 2001 年提出的，旨在替代旧的 PCI、PCI-X 和 AGP 总线标准。

PCIe 属于高速串行点对点双通道高带宽传输，所连接的设备分配独享通道带宽，不共享总线带宽，主要支持主动电源管理、错误报告、端对端的可靠性传输、热插拔及服务质量（Quality of Service）等功能，它的主要优势就是数据传输速率高，而且还有相当大的发展潜力。

PCIe 与以前的标准相比有许多改进，包括更高的最大系统总线吞吐量、更低的 I/O 引脚数量和更小的物理尺寸、更好的总线设备性能缩放、更详细的错误检测和报告机制，以及本机热插拔功能。PCIe 标准的更新版本为 I/O 虚拟化提供了硬件支持。

目前，PCIe 已被广泛用于服务器中，成为主要的主板级互连（连接主板外围设备）接口、无源背板互连接口，以及附加板的扩展卡接口，用于插接 GPU 卡、固态硬盘、无线网卡、万兆有线网卡等。只有少量服务器产品因考虑向下兼容问题，仍然保留了 PCI 插槽，所以有时我们会看到在服务器上有 PCIe 插槽与 1~2 个传统 PCI 插槽共存的现象。如图 3-5 所示，上面两个黄色的为 PCIe 插槽，下面两个白色的是 PCI 插槽。

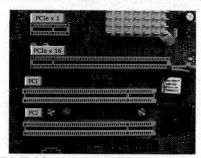

图 3-5　服务器主板上的 PCIe 插槽与 PCI 插槽共存的现象

AMD 和 Nvidia 两家公司自 2010 年以来发布的几乎所有型号的显卡都使用 PCIe，AMD 和 Nvidia 发布了支持多达四个 PCIe×16 插槽的主板芯片组，允许三 GPU 卡和四 GPU 卡配置。

PCI-Express 协议可用作闪存设备的数据接口，如存储卡（SD）和固态硬盘（SSD），许多高性能企业级 SSD 被设计为带闪存芯片的 PCI-Express RAID 控制器卡，利用专有接口和定制驱动程序与操作系统进行通信。与 SATA 或 SAS 驱动器相比，这种 SSD 具有更高的数据传输速率（超过 1 GB/s）和 IOPS（每秒超过 100 万个 I/O 操作）。

6. 网卡

网卡，又称网络适配器或网络接口卡，是构成计算机网络系统必不可少的重要连接设备。网卡的作用是接收和发送数据，在网络中，如果有一台计算机没有网卡，那么这台计算机将无法与其他计算机通信。

普通 PC 接入局域网或互联网时，一般情况下只要一块网卡就足够了。但为了满足服务器在网络方面的需要，服务器一般需要两块或更多的网卡。网卡的物理接口主要有两种：电口和光口。电口，即 RJ-45 接口，用于连接普通的网线；光口，用于连接光模块。

与普通 PC 上使用的网卡相比，服务器网卡具有数据传输速度快、CPU 占用率低、安全性能高等特点。

（1）数据传输速度快。普通 PC 使用的 100/1000Mb/s 网卡已经无法满足服务器面临的大数据吞吐量需求，当前服务器常用的网卡速率都已经是 10Gb/s、25Gb/s 等。

（2）CPU 占用率低。服务器的 CPU 不停地在工作，处理着大量的数据。如果一台服务器 CPU 的大部分时间都在为网卡提供数据响应，势必会影响服务器对其他任务的处理速度。所以说，较低的 CPU 占用率对于服务器网卡来说是非常重要的。服务器网卡都带有特殊的网络控制芯片，可以从主 CPU 中接管许多网络任务，从而减少对主 CPU 的占用。

（3）安全性能高。服务器不但需要有强悍的服务性能，同样也要具有绝对放心的安全措施。在实际应用中，服务器网卡出现故障会立刻造成宕机，后果不堪设想，所以高可靠性是服务器网卡的一个基本要求，网络硬件厂商也都推出了各自的具有容错功能的服务器网卡产品。例如 Intel 推出了三种容错服务器网卡，它们分别采用了 AFT（Adapter Fault Tolerance，网卡出错冗余）、ALB（Adapter Load Balancing，网卡负载平衡）和 FEC（Fast Ether Channel，快速以太网通道）技术。

7. 电源（电源标准，特性）

服务器上的电源和 PC 电源一样，都是一种开关电源。服务器电源按照标准可以分为 ATX 电源和 SSI 电源两种。ATX 电源使用较为普遍，主要用于台式机、工作站和低端服务器；而 SSI 电源是随着服务器技术的发展而产生的，适用于各种档次的服务器。由于服务器具有长时间持续工作甚至是不间断工作的特点，电源的地位更加重要，因此，服务器一般都提供双电源（双冗余电源）。

服务器系统所需要的功率远远高于 PC，一般 PC 只要 200W 电源就足够了，而服务器则需要 300 W 以上甚至上千瓦的大功率电源。在实际选择中，不同的应用对服务器电源的要求不同，像电信、证券和金融这样的行业，强调数据的安全性和系统的稳定性，因而服务器电源要具有更高的可靠性。目前流行的高端服务器多采用冗余电源技术，它具有均流、故障切换等功能，可以有效避免电源故障对系统的影响，实现 24 小时×7 天的不停顿运行。冗余电源较为常见的是 N+1 冗余，可以保证在一个电源发生故障的情况下系统不会瘫痪（同时出现两个以上电源故障的概率非常小）。冗余电源通常和热插拔技术配合，即热插拔冗余电源，它可以在系统运行时拔下出现故障的电源并换上一个完好的电源，从而大大提高了服务器系统的稳定性和可靠性。

8. GPU 卡

GPU 卡，又称显卡或显示接口卡，是计算机中专门进行图像数据快速处理的重要部件，它将计算机系统所需的显示信息进行处理转换，并驱动显示器进行正确显示。所以说，若没有显卡，我们就无法在计算机的显示器上看到图像。

按照安装方式不同，计算机的 GPU 卡可分为两种。一是独立显卡：插在主板扩展插槽中的显卡，一般性能比集成显卡强大，由 GPU、显存（显示内存）、供电模块、电路板、接口（PCIe、DP、HDMI、DVI、VGA 等）、散热器六个要素组成。二是集成显卡：集成在主板上或在 CPU 里的显示芯片，性能不是很强大，只能满足一般应用。

GPU 是 Graphics Processing Unit（图形处理器）的缩写，是显卡的"心脏"，是判断显卡性能的最主要元件。根据最初的设计，GPU 是用来配合计算机的 CPU 共同完成图像数据计算处理任务的。由于图像中各区域之间没有联系或依赖关系，因此一个图像数据计算处理任务可以轻易地被拆解成若干个独立且性质相同像素点的处理任务同时执行，从而使整个图像数据的处理速度得到明显加快。这种通过同时执行多个计算任务，以加快数据处理速度的计算方式，被称为"并行计算"。

与 CPU 相比较，GPU 的构成相对简单，其设计者将更多的晶体管单元用作 ALU，而不是像 CPU 那样用作复杂的控制单元和缓存。在实际产品中 CPU 芯片空间的 5%是 ALU，而 GPU 芯片这一数字高达 40%，这就是 GPU 计算能力超强的原因。正是这种拥有数量众多的计算单元和超长流水线的架构设计，使得 GPU 从一款主要承担图像数据计算任务的处理器，逐渐演变发展成了专门满足并行计算任务需求的处理器。

GPU 的主要参数包括 CUDA 核心、显存容量、显存位宽、显存频率、显存带宽等。

（1）CUDA 核心：它决定了 GPU 并行处理的能力，在深度学习、机器学习等并行计算类业务下，CUDA 核心多意味着性能更好。CUDA（Compute Unified Device Architecture）是一种由 Nvidia 推出的通用并行计算架构，该架构使 GPU 能够解决复杂的计算问题。

（2）显存容量：显存的作用是暂时存储 GPU 要处理的数据和处理完毕的数据，显存容量的大小决定了 GPU 能够一次加载处理的数据量大小。

（3）显存位宽：指显存在一个时钟周期内所能传送数据的位数，位数越大则瞬间所能传送的数据量就越大，它是显存的重要参数之一。

（4）显存频率：以 MHz 为单位，它在一定程度上反映着该显存的速度。显存频率和位宽决定显存带宽。

（5）显存带宽：指显存芯片 GPU 和显存之间的数据传输速率，是决定显卡性能与速度最重要的因素之一，单位是 B/s。

目前，GPU 主要生产厂商有 Intel（主要生产集成显卡芯片，用于 Intel 自己的主板和CPU）、Nvidia（目前最大的独立显卡芯片生产销售商）和 AMD（目前第二大的独立显卡芯片生产销售商）。

作为最大的独立显卡芯片生产销售商，Nvidia 的 GPU 产品主要有 GeForce、Quadro 和 Tesla 这三个系列，分别面向不同的应用类型和用户群体。

近年来，人工智能的兴起主要依赖于大数据的发展、算法模型的完善和硬件计算能力的提升，其中硬件的发展则归功于 GPU 的出现，以及安装有 GPU 卡的专业服务器在实际应用系统中的大量使用。目前，GPU 服务器已经被广泛应用于视频编解码、深度学习、科学计算等多种场景中，以提供快速、稳定、弹性的计算服务。

在智能图像识别系统中，基于深度学习模型构建的图像识别算法需要高性能 GPU 服务器提供强大的并行计算能力以快速处理海量图像数据，及时完成图像分析与识别任务。所以，GPU 服务器已经成为所有基于深度学习技术的智能识别系统（如语音识别系统、图像识别系统等）必须包含的关键基础设施。在 GPU 服务器中，GPU 与 CPU 的职责及工作原理主要有如下区别。

（1）在一台计算机中，CPU 是领导者，负责指挥、多任务管理、调度，在计算能力方面没有 GPU 强。CPU 可单独作用，处理复杂的逻辑运算和不同的数据类型，但当需要处理大量类型统一的数据时，可调用 GPU 进行并行计算。GPU 是计算专家，但协议、管理不是它的专长。它无法单独工作，必须由 CPU 进行控制调用才能工作。CPU 是一个有多种功能的优秀领导者，它的优点是管理、调度、协调功能强，计算能力则其次；GPU 相当于一个接受 CPU 调度的具有强计算能力的员工。

（2）CPU 通常有单核、双核、四核或八核，而 GPU 则不同，它可以有成千上万核。GPU 可以利用多个 CUDA 核心实现并行计算，而 CPU 只能按照顺序进行串行计算。

现在，GPU 不仅可以在图像处理领域大显身手，而且已经被广泛用于科学计算、密码破解、数值分析、海量数据处理、金融分析等需要大规模并行计算的领域。

9. 远程管理卡

远程管理卡是安装在服务器上的硬件设备，通过一个以太网接口，使它可以连接到局域网内，提供远程访问。这种远程管理基于 BMC（底板管理控制器），由集成在管理卡上的系统微处理器负责监测和管理操作系统之外的服务器环境和状态。它既不会占用服务器系统的资源，也不会影响服务器系统的运行。

远程管理卡的作用是：远程安装操作系统（登录远程管理卡管理界面，用控制卡上的虚拟介质映射功能把自己计算机上的 ISO 文件或物理光驱投递给机房里的服务器）；电源控制功能（远程登录管理界面，进行开机、关机、重启）；查看服务器硬件状态（监控电池、风扇、CPU、内存、磁盘等硬件设备的状态）。

在线测试 3.1.2

3.1.3　服务器操作系统

在一台服务器中，操作系统（Operating system, OS）是位于服务器硬件之上、应用软件之下的系统软件，如图 3-6 所示，它的主要作用是管理服务器硬件资源、控制其他程序运行并为用户提供交互操作界面。操作系统是计算机系统的关键组成部分，负责管理与配置内存、决定系统资源供需的优先次序、控制输入与输出设备、操作网络与管理文件系统等基本任务。

当前主流的服务器操作系统主要分为 Windows Server、UNIX、Linux、NetWare 这四大阵营，如图 3-7 所示。

（1）Windows 系列：常用的版本主要有 Windows Server 2008、Windows Server 2012、Windows Server 2016、Windows Server 2019、Windows Server 2022。Windows Server 是用户群体最大的服务器操作系统。

（2）UNIX 系列：常用的版本主要有 SUN Solaris、IBM-AIX、HP-UNIX、FreeBSD，主要支持大型的文件系统服务、数据服务等应用，且在系统的安全性和稳定性方面有着 Windows Server 无法比拟的优势。如果说 Windows Server 是为单用户设计的，那么 UNIX

则是为多用户而生的。其缺点是操作界面欠人性化，相关操作管理技术未得到推广，需要专门的运维人员进行日常运行维护。

（3）Linux 系列：常用的版本主要有 Red Hat、Ubuntu、Debian、CentOS。Linux 是基于 UNIX 系统开发修补而来的，是开源、免费的服务器操作系统，其稳定性、安全性、兼容性非常高，是商业服务器的首选。

（4）NetWare 系列：常用的版本主要有 Novell 的 3.11、3.12、4.10、5.0 等中英文版。在一些特定行业和事业单位中，NetWare 优秀的批处理功能和安全、稳定的系统性能有很大的生存空间。它对服务器硬件的要求极低，能够支持无盘工作站，也能支持非常多的游戏软件开发环境搭建，使用成本较低，常用于网络教学、游戏大厅、金融系统等。但是需要手工敲入命令来实现操作指令，且由于系统多年来也没有更深层次的更新，使得其对部分软件的支持或与其他新型应用的兼容性欠佳。

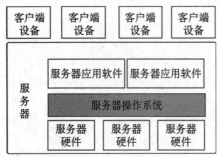

图 3-6 服务器操作系统示意图

序号	类型	常用版本
1	Windows Server	Windors Server 2008/2012/2016/2019/2022
2	UNIX	SUN Solaris、IBM-AIX、HP-UNIx、FreeBSD
3	Linux	Red Hat，Ubuntu，Debian，CentOS
4	NetWare	Novell 3.11/3.12/4.10/5.0

图 3-7 当前主流的服务器操作系统

一般来说，小型用户或业务相对简单且对服务器性能要求不高的应用场景，多选用 Windows Server 操作系统，它人性化的界面设计不仅方便用户操作使用，而且一旦遇到问题还能在网上找到大量参考资料来协助解决；商业用户或对服务器性能要求较高的场合，一般使用 Linux 或 UNIX 操作系统。Debian 和 CentOS 是免费的 Linux 操作系统，用户可自行从网上下载安装。

目前，国产服务器操作系统主要有中标麒麟和普华两个品牌。

（1）中标麒麟操作系统由中标软件有限公司研发推出，目前已经在政府、公安、教育、医疗、交通、制造、金融、国防等多个行业领域得到深入应用。作为国家规划布局的重点软件企业，中标软件有限公司以操作系统技术为核心，专注于 Linux 操作系统和办公软件产品开发，其开发的中标麒麟操作系统不仅荣获"国家重点新产品"称号，也是唯一得到 Oracle 11g 官方认证的国产操作系统。

（2）普华服务器操作系统由普华基础软件股份有限公司研发推出，是符合国标 GB/T 20272—2006 第四级技术要求的企业级通用操作系统软件，它同时也获得了公安部四级认证。普华基础软件股份有限公司成立于 2008 年 10 月，是中国电子科技集团公司下属的一级公司。作为一家新崛起的创新型大型基础软件企业，普华基础软件股份有限公司主要针对国产基础软件孤立分散、功能缺失的问题，面向军方、政府及行业应用，以统一服务平台和完善产品链为途径，构建国产基础软件整体解决方案。

在线测试 3.1.3

3.1.4　基于技术架构及用途的服务器分类

根据人们关注的焦点不同，对服务器进行分类的方法有许多种，如按 CPU 的技术架构不同进行分类、按所含 CPU 的数量进行分类、按服务器综合性能高低进行分类、按外观不同进行分类、按工作任务不同进行分类等。

（1）按 CPU 的技术架构不同进行分类，可分为 X86 服务器和非 X86 服务器。

①X86 服务器：即通常所讲的 PC 服务器，它是基于 PC 机体系结构，使用 CISC 型 CPU 和 Windows 操作系统的服务器。这种服务器价格便宜、兼容性好，但稳定性差、不安全，主要用在中小企业和非关键业务中。

②非 X86 服务器：包括大型机、小型机和 UNIX 服务器，使用 RISC 型 CPU 或 EPIC 型 CPU，主要采用 UNIX 和其他专用操作系统的服务器。这种服务器价格昂贵、体系封闭，但是稳定性好、性能强，主要用在金融、电信等大型企业的核心系统中。

（2）按所含 CPU 的数量进行分类，可分为单路服务器（服务器主板上只有 1 个 CPU 卡槽，服务器只能安装 1 个 CPU）、双路服务器（服务器主板上有 2 个 CPU 卡槽，服务器安装有 2 个 CPU）、多路服务器（服务器主板上有 4 个或 8 个 CPU 卡槽，服务器安装了 4 个或 8 个 CPU）。注意，多路非多核，多路是指有多个物理 CPU，多核是指在一个物理 CPU 中有多个 CPU 核心。服务器 CPU 路数越多，多线程性能就越好，计算能力就越强。

如图 3-8 所示，双路服务器主板上有两个 CPU 卡槽，且安装了两个 CPU。

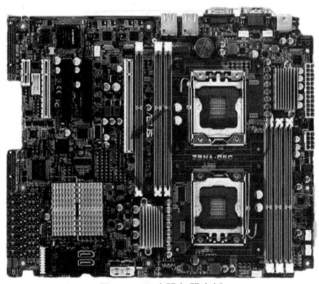

图 3-8　双路服务器主板

（3）按用途或承担的工作任务不同进行分类，可分为 Web 服务器、负载均衡服务器、应用服务器、数据库服务器、文件服务器等。

①Web 服务器：专门处理 HTTP 请求（request），它可以解析 HTTP 协议，提供静态资源访问，或者解释和执行 servlets、JSP、ASP 等，产生一个 HTML 响应（response）使浏览器可以浏览。

②应用服务器：用于安装部署为用户定制开发的各类应用软件，以及运行该应用软件所需的各类支撑软件，以便为网络系统中的客户端用户（设备）提供业务逻辑、事务处理、服务访问、数据库连接和 J2EE 实现等服务。

③数据库服务器：用于安装部署数据库管理系统软件，对系统产生的需要管理和使用的数据进行持久化存储。同时，为网络系统中的客户端用户提供各项数据服务，如数据的查询、更新、事务管理、索引、高速缓存、查询优化、安全及多用户存取控制等。

④负载均衡服务器：在大型计算机网络系统中，专门负责用户访问请求在某个服务器集群中各台服务器间的合理分配，以消除服务器之间的负载不平衡，从而提高系统反应速度与总体性能。负载均衡服务器是这类系统的控制服务器，所有用户的请求都首先到达这台服务器，然后由这台服务器根据各个实际处理服务器状态将请求具体分配到某个实际处理服务器中。通常，系统对外公开的域名与 IP 地址都是这台服务器，负载均衡控制与管理软件就安装在这台服务器上，这台服务器一般只做负载均衡任务分配，不是实际对网络请求进行处理的服务器。随着网站、应用系统的用户访问量的增加，一台服务器已经不能满足应用需求，而需要采用多台服务器集群时，就会用到负载均衡服务器。

⑤文件服务器：在网络系统中专门向客户机提供文件服务的服务器，它具有分时系统管理的全部功能，能够对全网统一管理，能够提供网络用户访问文件、目录的并发控制和安全保密措施。在实际系统中，文件服务器可以是一台能够运行其他应用的通用服务器，也可以是一台专门提供文件服务的专用服务器。

在线测试 3.1.4

3.1.5　服务器应用部署架构

在一个计算机网络系统中，需要使用到哪些类型的服务器？它们的作用各是什么？它们之间是否存在相互联系？这些就是系统的服务器应用部署架构要回答的问题。从技术实现的角度看，计算机网络系统的服务器应用部署架构取决于系统所采用的软件架构，而系统的软件架构又是由用户的业务需求决定的。不同的软件架构会导致不同的服务器配置需求，最终也就产生了不同的服务器应用部署架构。

随着计算机网络技术和软件设计技术的不断发展，可供计算机网络系统采用的软件架构模式已由最初单一的 C/S 模式发展成为目前 C/S 模式、B/S 模式和复杂分布式架构模式并举的局面。

1. C/S 架构模式

C/S 架构模式又称为客户机（Client）/服务器（Server）模式，是最早的计算机网络系统应用软件架构模式，主要用于局域网内。它将系统的应用软件分为客户端应用程序和服务器端应用程序两层，其中客户端应用程序包含了用户界面显示和业务逻辑实现，称为"表现层"；服务器端应用程序主要是对数据库进行操作与管理，称为"数据层"。采用 C/S 软件架构模式的计算机网络系统，一般只需要配置数据库服务器，如图 3-9 所示。

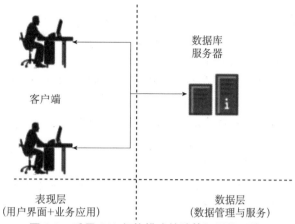

图 3-9　采用 C/S 架构模式的计算机网络系统

2. B/S 架构模式

B/S 架构模式又称为浏览器（Browser）/服务器（Server）模式，是随着互联网技术发展而出现的软件架构模式。Browser 指的是 Web 浏览器。在这种软件架构模式下系统的应用软件分为三层，如图 3-10 所示，分别为：第一层"表现层"，运行在 Web 浏览器中，主要完成用户和后台的交互及最终查询结果的输出显示功能；第二层"应用层"，又称业务逻辑层，主要是利用 Web 服务器和应用服务器实现客户端的应用逻辑功能；第三层"数据层"，主要基于数据库服务器对数据进行存储和管理，并支撑各种数据服务。

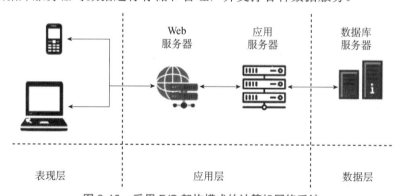

图 3-10　采用 B/S 架构模式的计算机网络系统

当计算机网络系统采用 B/S 软件架构模式时，一般会配置 Web 服务器、应用服务器和数据库服务器。若系统要实现的业务功能较少且业务逻辑简单，也可以将 Web 服务器和应用服务器合二为一，不需要再设置独立的应用服务器。

3. 复杂分布式架构模式

复杂分布式架构模式指同时包含了 C/S 与 B/S 两种架构模式在内的面向大型行业应用的分布式系统架构，常见的智能识别应用系统绝大多数都采用这种架构。这类系统承载的业务大部分是基于广域网（如互联网）运行的，只有一小部分是基于局域网运行的。目前，采用这种架构模式的大型行业应用系统在我们的日常生活中随处可见，最典型的就是城市智能交通系统、智慧医院系统等。在智慧医院系统（见图 3-11）中，人们可以通过手机随时查看相关科室医生看病时间安排，然后完成挂号、预约和缴费。为了增强系统的易用性，保证系统在大规模用户网上并发访问情况下能够平稳运行，这部分功能通常采用多层 B/S 架构和 Web 服务器集群，并通过增加负载均衡服务器，及时将并发的用户访问请求均衡地调度分配给多台 Web 服务器。如果在看病过程中做了 CT 检查，还可以随时通过设置在医院服务大厅里的多功能自助打印设备迅速打印出检查报告。这部分功能由于要用专门的客户端设备（胶片打印机）且只针对特定的目标人群（做过 CT 检查的人），故通常采用 C/S 架构来实现。由此可见，面向大规模用户的分布式行业应用系统在建设过程中会涉及更多种类服务器的使用。通常，当计算机网络系统采用复杂分布式架构模式时，一般会配置负载均衡服务器、Web 服务器、应用服务器、数据库服务器和/或文件服务器（用于提供所需的图片、视频、语音等多媒体文件服务）。

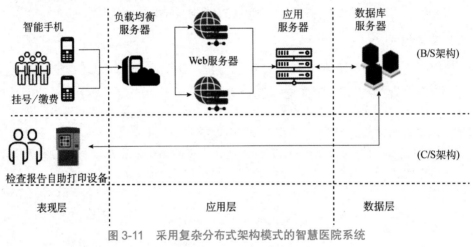

图 3-11　采用复杂分布式架构模式的智慧医院系统

关于计算机网络应用系统的软件架构是选用 C/S 模式还是选择 B/S 模式，通常可依据如下简单的判断准则。

（1）B/S 架构适用于不需要更新客户端的应用系统，而 C/S 架构适用于对响应时间要求快、客户端操作界面复杂和有较多个性化要求的应用系统。

（2）在 B/S 架构系统中，若业务简单且对性能要求不高，可采用"Web 客户端/Web 服务器/数据库服务器"三层架构；若业务比较复杂且对性能要求高，应采用"Web 客户端/Web 服务器+应用服务器/数据库服务器"三层架构，此时 Web 服务器专门用于处理 HTTP 请求（request），而应用服务器则通过多种协议为应用系统提供各种复杂的业务逻辑（business logic）实现。

在线测试 3.1.5

3.1.6　如何制定智能识别系统的服务器配置方案

要制定合理的智能识别系统服务器配置方案，除了需要正确掌握服务器的基本概念，还要结合智能识别系统的构成及其运行原理，搞清楚服务器在各项系统关键功能实现过程中发挥的作用和承担的职责。

1. 服务器配置方案

服务器配置方案是计算机智能识别系统建设方案的一项重要内容，它明确了为实现智能识别系统建设目标，满足用户提出的系统建设需求，系统中应该配置的服务器的种类、数量及关键技术参数要求。

服务器配置方案通常以表格的方式呈现在智能识别系统建设方案中，如表 3-8 所示。

表 3-8　×××智能识别系统服务器配置方案

序号	设备名称	设备用途	设备技术参数	数量（台）
1	服务器 A			
2	服务器 B		根据各种服务器的用途，依次列出其所需配置的 CPU、内存、硬盘、RAID 卡、GPU 卡、网卡等关键部件的具体技术要求，以及应该采用的操作系统类型	
3	服务器 C			
...	...	...		

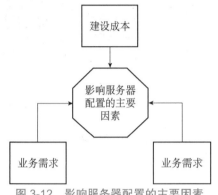

图 3-12　影响服务器配置的主要因素

2. 决定服务器配置方案的关键因素

在实际工作中，影响服务器配置的因素主要有系统的技术需求、用户的业务需求和系统建设成本限制，如图 3-12 所示。

技术需求：主要指计算机网络系统采用的架构方案（尤其是软件架构方案），一旦系统的架构方案确定下来，系统所需配置的服务器类型也就基本确定了。

系统的基础架构主要取决于其应用场景。随着互联网技术的普及和企业信息化建设的不断深化，计算机网络系统的应用场景逐渐分化为两个截然不同的分支：一是面向全体大众提供生活服务的各种互联网应用系统，如淘宝、携程、百度等各种大型互联网站系统，其特点是用户规模巨大、系统并发访问量大、海量数据实时处理与存储需求、基于互联网技术与基础设施运行；二是满足企业/机构日常业务运行与管理需要的各种行业应用系统，如智慧校园管理系统、城市智能交通系统、小区智慧安防系统等，其特点是用户规模有限、系统并发访问量不大、需要实时处理和存储的数据量有限、主要基于局域网技术及基础设施运行。

大型互联网站系统为了满足用户数量大、并发访问量大的应用特点，通常会采用"客户端－负载均衡器－节点服务器－应用服务器－数据库"这种多层 B/S 架构进行开发部署，需要配置的服务器主要有负载均衡服务器、Web 服务器（用作节点服务器）、应用服务器、数据库服务器、FTP 文件服务器。

行业应用系统由于用户数量及访问并发量有限，加之多在局域网上运行，通常采用"客户端－（应用服务器+数据库服务器）"这种两层 C/S 架构或"客户端－（Web 服务器+应用服务器）－数据库服务器"这种三层 B/S 架构进行部署，需要配置的服务器主要有 Web 服务器、应用服务器和数据库服务器。

当前，智能识别技术主要应用于各类行业应用系统的建设中，智能识别应用系统在建设过程中除了会用到普通的 Web 服务器、应用服务器、数据库服务器，由于要部署运行用于大规模音视频流媒体数据并行分析处理的深度学习算法，因此还需要配置一些专门的带有 GPU 卡的应用服务器，如语音识别服务器、图像识别服务器等。

关于用户业务需求及系统建设成本对服务器配置方案的影响，我们将在后续章节中进行详细介绍。

3. 制定智能识别系统的服务器配置方案工作流程

制定智能识别系统设计服务器配置方案需要经历以下三个工作步骤。

第 1 步：分析需要配置的服务器类别。从已经确定的系统架构入手，结合智能识别系统数据处理与应用支撑平台要实现的各种功能，对系统可能用到的服务器种类进行梳理和明确。

第 2 步：确定需要配置的服务器数量及其技术参数。从智能识别系统所要实现的关键业务性能指标入手（如用户并发访问量、业务的可靠性与连续性、数据的实时处理要求、数据存储容量及安全性要求等），确定各类服务器的关键技术参数和配置数量。

第 3 步：优化服务器配置方案。考虑成本限制、可能的业务增长需求，以服务器资源能够得到充分利用为准绳，对服务器的技术参数和数量进行调整、完善和优化。

在线测试 3.1.6

相关案例

某系统集成商承接了一个"人脸识别考试管理系统"的建设工作，该系统的基本情况如下。

1. 系统建设目的

通过视频监控和人脸识别技术综合运行，对考场标准化运行状态和日常秩序进行监管，一旦发现有违反考场工作纪律的行为和人员，系统要自动告警，并将违纪进行记录保存，供后续处理使用。

2. 系统建设需求

（1）通过人脸识别对进入考场的人员身份进行查验，一旦有非授权人员进入，立即发出告警信息。

（2）通过人脸识别对考位上考生的身份进行查验，若身份不匹配，立即发出告警信息。

（3）通过人脸识别对考场中监考人员的身份进行查验，若身份不匹配，立即发出告警信息。

（4）新建系统需要与"考场视频监控系统"对接，接入考场现有 20 路高清监控视频及 60 个考位摄像头抓拍的考生照片，开展考场监管工作。

（5）新建系统需要与已经建成运行的"考试注册预约系统"对接，实时接收每天预约参加当天考试的考生身份信息。

（6）考场人脸识别结果（0.2MB/人次）保存周期为三个月，所有告警信息（0.2MB/条、50 条/天）需保存两年。

（7）考场负责人及监考人员（共 15 人左右）可随时查看告警记录，并了解一段时间内考场运行态势。

（8）考场需部署两台考生人脸图像采集设备，用于采集考生人脸图像数据，以便完成考生人脸注册数据库的建立。采集设备性能及数量应该满足日常 200 名/天考生采集注册需求。考生人脸注册数据（20MB/人）保存周期为一年。

3. 系统设计阶段确定的系统架构

人脸识别考试管理系统由"考场数据采集""考场人员动态识别分析""考场监管应用"三个子系统构成，如图 3-13 所示。

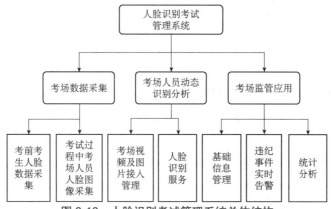

图 3-13　人脸识别考试管理系统总体结构

（1）"考场数据采集"子系统：考前采集考生人脸数据，建立人脸识别底库；考试过程中采集考场人员人脸图像，供识别告警使用。

（2）"考场人员动态识别分析"子系统：视频及图片接入管理、人脸识别服务。

（3）"考场监管应用"子系统：基础信息管理、违纪事件实时告警、统计分析。

系统网络拓扑图如图 3-14 所示。

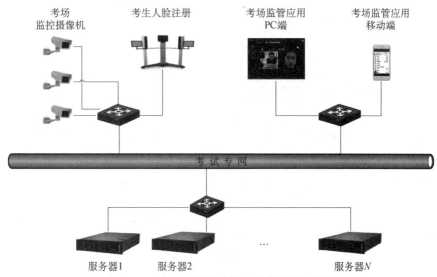

图 3-14　人脸识别考试管理系统网络拓扑图

4. 系统设计阶段确定的"考场监管应用"软件功能

考场监管应用软件采用 B/S 架构，通过 Java 编程实现，其具体功能如表 3-9 所示。

表 3-9　考场监管应用软件功能表

模块	功能项	概述
基础信息管理	采集设备管理	针对座位摄像头、通道摄像头、车载摄像头的基本指标进行管理,如设备 ID、所属的考场、设备名称、设备类型、IP 地址、主要参数、关联的考场监测载体(如通道、考场座位、考试车辆等)
	考场监测载体管理	针对考场监测载体如通道、考试座位、考试车辆的管理,用于与采集设备关联
	白名单管理	针对考场工作人员,对其姓名、基本信息、身份证号和人脸文件 ID 的管理
违纪事件实时告警	陌生人闯入告警	白名单以外陌生人识别
	考试过程换人告警	指定考试期间人脸识别结果为多人
	人/考场/科目/考试时间不符告警	识别结果符合大名单,但出现的时间、地点、考场与考试安排不符
	告警记录管理	告警记录保存,告警记录查询
统计分析	告警情况统计分析	如告警人次走势、告警类型分类、告警科目分布等
	人脸识别统计分析	人脸采集数及走势、识别数及走势、识别来源分布等

在系统设计阶段,负责系统服务器配置方案编制的设计人员,根据系统建设要求及系统概要设计成果,给出的系统服务器配置说明如表 3-10 所示。

表 3-10　人脸识别考试管理系统服务器配置说明

一、需要配置的服务器类别清单		
序号	服务器类别	服务器用途简要说明
1	动态人脸识别服务器	考场监控视频及抓拍图片接入管理,将考生人脸特征提取与注册,提供动态人脸识别算法接口服务,提供人脸识别接口服务,提供 Web 管理界面
2	Web 服务器	部署 Web 服务器软件,及时处理考场监管应用软件(采用 B/S 架构)Web 客户端发来的 HTTP 请求,并提供相应的数据服务
3	应用服务器	考生人脸采集照相机接入管理,部署人脸采集数据质量检查应用软件;部署对外接口程序,实现考场监管应用软件与"考试注册预约系统"之间的对接
4	数据库服务器	用于考生人脸注册数据、考场基础数据、人脸识别结果、告警记录等数据持久化管理

二、配置理由说明

1. 人脸识别考试管理系统部署于考试专网(局域网)中,系统用户数量及访问并发量有限(20 人以内),应用软件采用 B/S 架构,故整个系统的部署拟采用"客户端—(Web 服务器+应用服务器)—数据库服务器"三层 B/S 架构,需要配置的服务器主要有 Web 服务器、应用服务器和数据库服务器

2. 动态人脸识别服务器:是一种有专门用途的应用服务器,当系统涉及人脸识别应用时必须配置。它带有 GPU 卡,用于部署基于深度学习模型的人脸识别算法,对视频图像进行实时并行处理分析

3. 数据库服务器:当系统需要对业务数据进行长期保存,以便满足用户对各种业务数据频繁的查询、统计、分析操作时,需要配置独立的数据库服务器以响应这类需求

4. 应用服务器:在 Web 服务器之外再配置一台应用服务器,主要是考虑更加方便地管理人脸采集设备和系统与外部应用系统的接口

工作实施

1. 根据自己对园区人脸识别系统建设需求及解决方案的理解,结合本单元对服务器相关知识的介绍,分析搭建该人脸识别系统管理后台可能会用到哪几种服务器,并提交书面报告,简要说明自己的结论和理由,以及每种服务器的用途。

2. 对服务器配置方案进行分组讨论,通过取长补短、优势互补,形成本小组"园区人脸识别系统服务器配置说明",列出需要配置的服务器类别,并说明每种服务器的具体用途。

评价反馈

表 3-11　学生自评表

序号	评价项目	评价标准	分值	得分
colspan=5	学习情境 3.1　分析需要配置的服务器类别				
1	掌握服务器基本概念	能够正确阐述服务器在计算机网络应用系统中的作用,以及它与普通 PC 的区别	15	
2	掌握服务器的主要组件及其作用	能够说出服务器的主要组件及其作用	15	
3	正确理解基于用途的服务器的分类	能够说出在建设智能图像识别系统时通常会用到的服务器种类,并正确解释 GPU 服务器的用途	20	
4	正确掌握服务器配置方案设计工作流程	能够说出智能识别系统服务器配置方案设计一般工作流程,并正确阐述系统技术需要是如何影响服务器配置方案的	20	
5	具备制订服务器配置方案的能力	能够根据任务书及工作实施要求,确定人脸识别应用系统需要配置的服务器类别,并提交相关说明文档	30	
		合计	100	

表 3-12　学生互评表

学习情境 3.1　分析需要配置的服务器类别

序号	评价项目	分值	等级				评价对象			
			优	良	中	差	1	2	3	4
1	能够正确阐述服务器在计算机网络应用系统中的作用,以及它与普通 PC 的区别	15	15	12	9	6				
2	能够说出服务器的主要组件及其关键技术参数	15	15	12	9	6				
3	能够说出在建设智能图像识别系统时通常会用到的服务器种类,并正确解释 GPU 服务器的用途	20	20	16	12	8				
4	能够说出智能识别系统服务器配置方案设计一般工作流程,并正确阐述系统技术需要是如何影响服务器配置方案的	20	20	16	12	8				
5	能够根据任务书及工作实施要求,确定人脸识别应用系统需要配置的服务器类别,并提交相关说明文档	30	30	24	18	12				
	合计	100								

表 3-13　教师评价表

学习情境 3.1　分析需要配置的服务器类型

序号	评价项目		评价标准	分值	得分
1	考勤(20%)		无无故迟到、早退、旷课现象	20	
2	工作过程(40%)	准备工作	能够从不同渠道收集查阅资料,正确理解服务器的基本概念,准确掌握不同类型服务器的用途	10	
		工作态度	能够按要求及时完成服务器配置说明文档编写工作	10	
		工作方法	能够根据系统的技术需求合理确定系统需要配置的服务器类别,遇到问题能够及时与同学和教师沟通交流	20	
3	工作结果(40%)	服务器配置说明文档	文档各项关键内容完整(含服务器类别清单、用途说明和配置理由阐释)	10	
		服务器配置方案质量	服务器类别配置正确	10	
			配置理由阐释到位	10	
		工作结果展示	能够准确表达、汇报工作成果	10	
			合计	100	

拓展思考

1. 请上网查找收集资料，全面阐述国产服务器操作系统的发展现状及主要应用领域。

2. 请上网查找收集资料，对同为 Linux 系列服务器操作系统的 Debian 和 CentOS 进行比较分析，全面阐述两者各自的优点和不足。

3. 在什么情况下需要为智能识别系统配置独立的数据存储设备（如磁盘阵列）？请上网查找收集资料，全面阐述在确定独立数据存储设备容量时需要考虑哪些因素？

学习情境 3.2 确定需要配置的服务器数量及其技术参数

学习情境描述

从用户的业务需求及业务特点入手，对系统需要配置的各类服务器的数量进行合理规划，并确定其关键技术参数。

学习情境 3.2
微课视频

学习目标

1. 了解服务器性能评价标准。
2. 了解面向性能需求的服务器分类。
3. 正确理解智能识别系统用户业务需求内涵。
4. 掌握服务器主要技术参数确定方法。

任 务 书

根据本单元学习情境 3.1 "分析需要配置的服务器类别"中任务书的要求，你已经按时完成了"园区人脸识别系统服务器配置说明"文档的编写和提交。经过项目经理审核，文档内容正确。接下来，项目经理要求你与项目组成员一起，根据已经完成的"园区人脸识别系统服务器配置说明"，结合系统建设用户需求（见表 3-1），对用户的业务需求进行分析提炼，并在此基础上对各种类型服务器需要配置的数量及主要技术参数要求进行规划，最后使用文档模板（见表 3-14）按时提交园区人脸识别系统服务器配置方案。

表 3-14　园区人脸识别系统服务器配置方案

序号	服务器类别	服务器用途简要说明	主要技术参数要求	数量（台）
1				
2				
3				
4				

获取信息

引导问题 1：衡量服务器性能的主要指标有哪些？

（1）服务器的可扩展性主要表现在哪些方面？

_____

_____

（2）服务器的可用性和易用性有何区别？

_____

_____

（3）服务器的可管理性有什么含义？

_____

_____

引导问题 2：按综合性能的高低，服务器可以分成哪几种类型？

_____

_____

引导问题 3：在建设智能识别系统过程中，用户的业务需求是如何影响系统的服务器配置方案的？

（1）与智能识别系统服务器配置方案相关的用户业务需求主要包含哪些内容？

_____

_____

（2）用户的业务需求会从哪些方面影响系统的服务器配置方案？

_____

_____

引导问题 4：在明确系统需要配置的服务器类别后，如何确定各种服务器的配置数量和关键技术参数？

_____

_____

工作计划

1. 制定工作方案

表 3-15　工作方案

步骤	工作内容
1	
2	
3	
4	
5	

2. 确定人员分工

表 3-16　人员分工

序号	人员姓名	工作任务	备注
1			
2			
3			
4			

知识准备

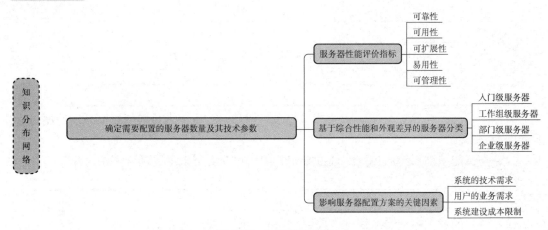

图 3-15　知识分布网络

3.2.1　服务器性能评价指标

一台服务器的性能如何，主要是从其可靠性、可用性、可扩展性、易用性、可管理性这五个方面来综合分析评判。

1. 可用性（Availability）与可靠性（Reliability）

服务器的可用性体现在服务器"可随时响应网络系统中客户端设备的需求，为客户端设备提供其需要的具体服务"。在这里，"可随时响应客户端设备的使用需求"意味着服务器要具备全年 7 天×24 小时天无故障可靠运行的能力，由此可见，服务器的可用性是以其可靠性为基础的。在大中型企业中，通常要求服务器是永不间断的。在一些特殊应用领域，即使没有用户使用，有些服务器也得不间断地工作，因为它必须持续地为用户提供连接服务。

为了确保服务器具有高可用性，除了要求各配件质量过关，还可采取必要的技术和配置措施，如硬件冗余、在线诊断等。

2. 可扩展性（Scalability）

当服务器所在的网络系统面临客户端设备数量增加，或是客户端设备要求服务器提供更加高效的服务时，服务器要能够通过软硬件扩展、升级或调整（如扩充内存或硬盘数量，升级或扩展 CPU，将操作系统由 Windows 调整为 Linux 或 UNIX 等）来满足这些变化的需求，这就是所谓的"可扩展性"。

之所以要求服务器必须具有一定的"可扩展性"，主要是因为任何企业的计算机网络应用系统都不可能长久不变，特别是在当今信息技术快速发展变化的时代。如果服务器没有一定的可扩展性，无法应对用户增多、功能或性能升级需求，那么价值不菲的服务器在投入使用不久就会面临被淘汰的尴尬局面，这是任何企业都无法接受的。

为了保持服务器的可扩展性，通常需要在服务器上配置一定的可扩展模块或空间，如CPU 卡槽、磁盘托架、PCIe 插槽位等，以满足 CPU、内存、硬盘、GPU 卡、网卡等硬件的增加或灵活配置的需要。

3. 易用性（Usability）

服务器的易用性主要体现在服务器是不是容易操作，用户导航系统是不是完善，机箱设计是不是人性化，有没有关键恢复功能，是否有操作系统备份，以及有没有足够的培训支持等方面。

4. 可管理性（Manageability）

服务器的可管理性主要是通过综合运用各种专门的技术手段（如冗余技术、系统备份技术、在线诊断技术、故障预报警技术、内存查纠错技术、热插拔技术和远程诊断技术等），及时发现服务器在运行过程中出现的问题或故障，并在尽量不中断服务器运行的情况下解决问题、排除故障，确保服务器平稳运行。

服务器的可管理性还体现在是否有独立的管理系统，有没有液晶监视器等方面。只有这样，管理员才能轻松管理，高效工作。故障预报警技术指服务器必须具备一定的自动故障报警功能，并配有相应的冗余、备份、在线诊断和恢复系统，以便在服务器出现故障后能够及时恢复运作。

所谓热插拔技术就是在不关闭服务器电源的情况下，对故障硬件（如CPU、内存条、硬盘、电源、风扇、网卡等）进行更换。由于在这个过程中服务器并没有间断运行，因此这项技术在极大地方便了服务器维护的同时，又很好地支撑了服务器的可用性，是目前商用服务器必须具有的一项基本产品技术。

在线测试 3.2.1

3.2.2　基于综合性能和外观差异的服务器分类

为了满足不同用户规模及不同类型应用系统对服务器性能的不同需求，方便系统建设者选择性价比合理的服务器产品，行业应用系统建设使用的服务器根据综合性能由低到高可分为入门级服务器、工作组级服务器、部门级服务器、企业级服务器。

（1）入门级服务器。这类服务器是最基础的一类服务器，也是最低档次的服务器。随着 PC 技术的日益提高，现在许多入门级服务器与 PC 的配置差不多，在性能和价格方面也相差无几，所以很多小型公司通常会将一台高性能品牌 PC 作为入门级服务器使用。

这类服务器所包含的专用服务器特性并不是很多，通常具备以下一些特性。

● 通常采用 Intel 的服务器 CPU 芯片。

● 多数情况下只有一个 CPU。

- 采用具有错误检查与纠正能力的 ECC 内存，容量最大支持 64GB。
- 主要使用 Windows 或 NetWare 服务器操作系统。
- 有一些基本硬件的冗余，如硬盘、电源、风扇等。
- 部分部件（如硬盘、内存等）支持热插拔。

入门级服务器所连的终端数量比较有限，通常可同时连接服务的用户终端规模为 20 台左右；在稳定性、可扩展性及容错冗余方面性能较差，仅适用于没有大型数据库数据交换、日常工作网络流量不大、无须长期不间断开机的计算机网络应用系统。所以，这种服务器主要用于办公室型中小型网络用户的文件共享、数据处理、互联网访问接入，以及简单的数据库应用等需求。

（2）工作组级服务器。工作组级服务器较入门级服务器来说性能有所提高，功能有所增强，有一定的可扩展性，是比入门级服务器高一个档次的服务器，通常具备以下一些特性。

- 主要采用 Intel 服务器 CPU。
- 可支持双 CPU 结构，可根据情况配置 1～2 个 CPU。
- 主要使用 Windows 或 NetWare 服务器操作系统，有很少部分采用 UNIX 操作系统。
- 采用 ECC 内存，容量可支持 128GB 以上。
- 支持增强服务器管理能力的系统管理总线。

工作组级服务器在工作时可同时连接服务的用户终端规模在 50 台左右，能够满足中小型网络用户的数据处理、文件共享、Internet 接入，以及简单数据库应用的需求。但其容错和冗余性能仍不完善，仍属于低档次服务器类别，也不能满足大型数据库系统应用需求，价格相当于 2～3 台高性能 PC 品牌机的价格总和。

（3）部门级服务器。这类服务器属于中档次服务器，不仅可靠性比工作组级服务器高，而且具有优良的系统扩展性，能够满足用户在业务量迅速增大时及时在线升级系统的需求。这类服务器通常具备以下一些特性。

- 一般采用 IBM、SUN 或 HP 各自开发的 RISC 和 CPU 芯片。
- 支持双 CPU 以上的对称处理器结构，可根据情况配置 2～4 个 CPU。
- 采用 ECC 内存，容量可支持 256GB 以上。
- 具备比较完全的硬件配置，如磁盘阵列、存储托架等。
- 主要使用 UNIX 或 Linux 系列操作系统。
- 具有独立的多 PCIe 通道和内存扩展板设计。
- 集成有大量的监测及管理电路，可监测如温度、电压、风扇、机箱等状态参数，具有更加全面的服务器管理能力。
- 部署标准服务器管理软件，方便管理人员及时了解服务器工作状况。
- 由于需要安装的部件比较多，通常采用机柜式部署。

部门级服务器可同时连接服务的用户终端规模在 100 个左右，通常是企业网络中各分散的基层数据采集单位与最高层数据中心之间保持顺利连通的必要环节，适用于对处理速度和系统可靠性要求高一些的中小型企业网络，一般为中型企业的首选，也可用于金融、邮电等行业。由于硬件配置相对较高，其价格通常为 5 台左右高性能 PC 品牌机的价格总和。

（4）企业级服务器。这类服务器属于高档次服务器，除了具有部门级服务器等其他全部服务器的特性，其最大的特点就是具有高度的容错能力、优良的系统扩展性、完善的故障预报警能力及在线诊断功能。企业级服务器通常具备以下一些特性。

● 采用主流服务器设计制造厂商自己开发的专有 CPU 芯片。

● 采用 4 个以上 CPU 的对称处理器结构，可根据情况配置 2～8 个 CPU。

● 使用的操作系统一般是 UNIX 系列或 Linux 系列。

● 具有独立的多 PCIe 通道和内存扩展板设计。

● 采用 ECC 内存，容量支持可达 1TG 以上。

● CPU、内存条、PCIe 卡、电源等可热插拔，同时还配有大容量热插拔硬盘。

● 一般为机柜式的，有的还由几个机柜组成。

企业级服务器具有超强的数据处理能力和群集性能，企业级服务器主要用于联网计算机在数百台以上、对处理速度和数据安全要求非常高的大型网络，非常适合运行在对可靠性要求极高、需要处理大量数据且对数据处理速度要求极高的金融、证券、交通、邮电、通信行业或大型企业。在所有档次的服务器中，企业级服务器的硬件配置最高，系统可靠性也最强。

根据外观不同，服务器又可分为塔式服务器、机架式服务器、机柜式服务器和刀片式服务器，如图 3-16 所示。

（塔式） （机架式） （机柜式） （刀片式）

图 3-16 服务器外观

（1）塔式服务器。与台式机的主机类似。优点：机箱内部空间大，易扩展；缺点：空间占用大，管理不方便。

（2）机架式服务器。机架式服务器的外形比较像交换机，有 1U、2U、4U 等规格（U 指的是高度）。优点：空间利用率高，易于管理；缺点：当机架中的服务器过多时，不易散热。

（3）机柜式服务器。在一些高档企业服务器中由于内部结构复杂，内部设备较多，有的还具有许多不同的设备单元或几个服务器放在一个机柜中，这种服务器就是机柜式服务器。

（4）刀片式服务器。刀片式服务器中的每一个"刀片"就是一块系统主板，相当于一个独立的服务器，这些服务器可以组合成一个集群来为用户提高读写速度，也可分别用于服务不同的用户群。

在线测试 3.2.2

3.2.3 影响服务器配置方案的关键因素：用户的业务需求

在实际工作中，影响服务器配置方案的因素主要有系统的技术需求、用户的业务需求和系统建设成本限制。

在本单元学习情境 3.1 中我们已经对系统的技术需求是如何影响服务器配置方案进行了分析,下面一起来看看用户的业务需求又是如何影响系统的服务器配置方案的。

用户的业务需求主要指用户在使用计算机网络应用系统开展日常业务活动时,要求系统能够支持的用户规模、能够实现的业务处理能力、能够支持的数据存储管理能力,以及在可靠性、可扩展性、可管理性方面应有的表现等。在系统所要使用的服务器类型已经确定的情况下,如何满足这些需求将会影响各种服务器的配置数量及其主要技术参数的确定。

例如,在构建一个人脸识别应用系统时,会用到应用服务器、GPU 服务器和数据库服务器,其中应用服务器的作用是安装、运行为用户定制开发的业务应用软件,并对需要在今后一定时间内重复使用的业务处理结果进行暂存;GPU 服务器的作用是接收处理图像采集设备(如监控摄像机)传来的实时视频或图片,运行基于深度学习模型的人脸识别算法及时对图像画面中出现的每张人脸进行检测、分析、识别,输出人脸识别结果并对人脸识别结果进行暂存;数据库服务器主要用于存放需要长期保存使用的人脸注册数据和人脸识别结果记录等。但是,如何确定系统需要配置的应用服务器、GPU 服务器和数据库服务器数量呢?要回答这个问题,就需要按如下步骤去认真分析用户的业务需求了。

1. 人脸识别系统需要支撑多大的用户规模

用户规模指系统在日常运行过程中需要管理的最大用户数量,以及需要支撑的用户在线访问最大规模(即系统需要支持的最大并发访问量)。例如,园区人脸识别系统主要供园区管理部使用,该部门人员规模为 20 人,那么系统的用户规模不超过 20 人;而在日常工作中,园区管理部全部 20 名员工中同时访问系统的人数不会超过 10 人,这也就是说系统需要面对的最大用户并发访问量不会超过 10 次访问/秒。所以仅从满足这种小规模的用户接入与并发访问需求出发,可初步确定只需配置 1 台入门级服务器作为系统的应用服务器即可。是否需要增加配置数量或提升应用服务器的配置档次,还要结合运行在应用服务器上的应用软件数量及业务逻辑的复杂程度做进一步评判。

2. 用户对系统的业务处理能力有何要求

系统的业务处理能力包括系统能够处理的业务数据类型及规模,是否需要系统实现复杂的业务逻辑,以及完成业务处理的时效性要求。例如,园区人脸识别系统的数据处理与分析平台要求能够处理的业务数据类型为人脸图像数据,要求能够同时处理的业务数据规模为前端 40 台高清监控摄像机传来的视频图像,业务处理的时效性要求为从在视频监控画面中看到一张人脸到系统给出识别结果的时间不能超过 1 秒钟。整个系统的功能主要有人脸注册、人脸图像接收处理、人脸识别、识别结果展示与保存、识别结果统计分析等,其中除了人脸识别过程相对复杂,由人脸检测、特征提取、人脸比对、识别结果生成与输出四个步骤构成,其余功能模块的业务逻辑都较为简单。

根据上述有关用户对系统业务处理能力的需求分析,首先可以确定,在系统需要实现的业务应用功能较少、业务逻辑相对简单的情况下,上一步骤中关于使用 1 台入门级服务器作为系统的应用服务器的配置方案可以确定下来,无须增加数量或升级配置档次。

其次,关于 GPU 服务器的选配,我们根据其必须满足的三项基本要求:① 40 路高清视频的接入与实时处理;② 秒级的识别结果输出响应时效要求;③ 可运行基于深度学习模型的人脸识别算法;从市面上可供选择的 GPU 服务器产品中进行挑选。GPU 服务器的核心指标是 GPU

卡的性能（如是否支持深度学习算法运行、能够同时接入处理多少路高清视频等）与配置数量。如果某 GPU 服务器厂商可提供两款满足要求的 GPU 服务器，一种是配有一张 GPU 卡可同时接入处理 8 路高清视频，另一种是配有四张 GPU 卡可同时接入处理 32 路高清视频，那么在不考虑扩展性要求的情况下，这两种 GPU 服务器我们各选配一台即可满足系统运行要求。

　　3. 用户对业务数据的存储管理有何要求

　　通常可以将需要系统保存的业务数据分为两种：一种是暂时存放的业务数据，另一种是需要永久保存的数据。暂时存放的数据一般存放在相应的应用服务器上，但需要永久保存的数据必须配置专门的数据库服务器进行保存管理。无论是暂时存放的业务数据还是需要永久保存的数据，我们都要准确掌握每条数据需要占用多大的存储空间、需要保存多长时间、平时的使用频率有多高等，这样才能恰当配置相关应用服务器和数据库服务器。

　　例如，在园区人脸识别系统中有两类数据需要保存，一是人脸注册数据，二是人脸识别结果。其中，人脸注册数据是人脸识别系统正常运行的基础数据，只要系统在使用就随时会访问使用它，故需要使用专门的数据库服务器永久保存管理。而人脸识别结果数据主要用于实时门禁控制、定期统计分析或事后查询，这些功能都有一定的时效性要求，故系统每天生成的人脸识别结果数据需要保存的时间有限，一般都会在相应的应用服务器（在此就是 GPU 服务器）上添加一定的硬盘空间进行存放，只要能够满足系统设定的最长查询周期要求即可。

　　根据本学习情境任务书中对园区人脸识别系统的介绍可以知道，系统需要长期保存 500 人的人脸注册数据，若每个人脸注册数据需要占用 20MB 存储空间，那么保存人脸注册数据的数据库服务器就需要配置 10GB 左右的硬盘空间。由于需要注册人脸数据的快递人员规模很小，一旦人员注册完成，平时对数据库服务器的写操作次数几乎为零，所以，数据库服务器日常需要完成的主要是响应人脸注册数据查询请求的读操作，而这部分查询请求的并发量也不大。从上述分析过程可知，与人脸注册数据库服务器对接的服务器包括 1 台应用服务器和 2 台 GPU 服务器，由它们向人脸注册数据库服务器发起的最大访问并发量在 50 次访问/秒左右（其中 40 次访问/秒来自 40 台摄像机，10 次访问/秒来自园区管理部员工），因此，选配 1 台硬盘容量不小于 16GB 的入门级服务器作为人脸注册数据库服务器即可满足用户业务需求。

　　另外，由于每天会有 300 人次的快递员出入园区，他们通过园区人员通行闸机及监控摄像机时系统会生成人脸识别记录，假设每个快递员出入园区时平均会有 1 套闸机和一半的监控摄像机（即 40 台中的 20 台）捕捉到其人脸图像，这样每天就会产生大约（20+2）次×50 人=2200 条人脸识别结果记录，每条人脸识别结果记录需要占用的存储空间为 1MB，存放一年的记录就需要大约 400GB 的硬盘空间。如果我们将 40 台摄像机的接入管理分配到 2 台 GPU 服务器上，一台（称为 GPU 服务器 1）接入处理 8 路视频，另一台（称为 GPU 服务器 2）接入处理 32 路视频，那么在确定 GPU 服务器 1 的配置时除了考虑运行识别算法所需要的硬件资源，还需要额外增加 80GB 的硬盘存储空间用于识别结果记录的保存；同理，GPU 服务器 2 除了考虑运行识别算法所需要的硬件资源，还需要额外增加 320GB 的硬盘存储空间用于识别结果记录的保存。

　　4. 用户对系统的可靠性、可扩展性、可管理性有何具体要求

　　如果用户认为必须确保存放在数据库服务器中的人脸注册数据的绝对安全，不能因为设备故障而导致数据丢失进而影响人脸识别系统无法正常运行，针对这种情况我们必须考

虑增加数据库服务器的硬盘配置数量，采用 RAID1 或 RAID5 级别的数据备份机制。

如果用户还希望系统不仅能够接入处理目前园区内已经安装好的 40 台高清监控摄像机的视频图像，同时希望预留 20 台高清监控摄像机的接入能力，以满足未来两年的扩展需要，这时我们对 GPU 服务器的配置就应该从上面的单 GPU 卡及四 GPU 卡服务器各配置一台，调整为选配 2 台具有四张 GPU 卡可同时接入处理 32 路高清视频的 GPU 服务器。

至此，经过以上四个步骤，我们就通过对用户业务需求的分析，基本上确定了用户所要构建的计算机网络应用系统需要配置的各种服务器的数量和主要技术参数要求。

关于系统建设成本对服务器配置方案的影响，我们将在后续的学习情境中进行详细介绍。

在线测试 3.2.3

相关案例

在本单元学习情境 3.1 给出的"人脸识别考试管理系统"建设案例中，设计人员根据该系统的建设目标、建设需求，结合已经确定的系统架构、软件概要设计内容等系统的技术需求，对系统需要配置的服务器种类进行了说明（见表 3-10）。

在明确服务器种类后，人脸识别考试管理系统网络拓扑图如图 3-17 所示。

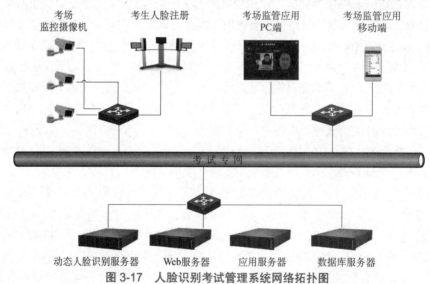

图 3-17　人脸识别考试管理系统网络拓扑图

通过对用户业务需求的进一步分析，设计人员有以下结论。

（1）人脸识别服务器是专业产品，只要根据需要接入处理的考场监控视频及考位抓拍图片数量，选用可实时接入处理 20 路以上高清视频和 60 张图片的专业服务器产品即可，具体配置根据选定的产品而定。

（2）由于系统在日常运行过程中用户数量及访问并发量有限、业务功能少、逻辑简单、对其他外部系统进行访问的接口少，对服务器的运行性能要求不高，故 Web 服务器、应用服务器和数据库服务器选用入门级产品即可。

（3）根据系统需要长期保存的数据规模看，首先是人脸注册数据，它的大小为 20MB/人，要求保存周期为一年，其需要的存储空间为 20MB/人×200 人/天×300 天/年×1 年=1.14TB。
第二是人脸识别结果，它的大小是 0.2MB/人，要求保存周期为 3 个月，它包括对考场监控摄
像机及考位摄像头抓拍的图片进行人脸识别。其中，每路监控视频每分钟平均抓拍 10 张人脸
照片供后台识别用，每台监控摄像机日常工作时间为 8 小时/天，接入 20 路视频进行人脸抓
拍识别，由考场监控摄像机引发的人脸识别结果需要的存储空间为：10 人/分钟×60 分钟/小
时×8 小时/天×90 天×0.2MB/人×20 路=1.65TB。另外，由考位摄像头针对每位考生要抓拍
3 张图片，由它引发的人脸识别结果需要的存储空间为：3 张/人×200 人/天×90 天×0.2MB/
人=10.55GB。两部分合计，保存人脸识别结果需要的存储空间为 1.65TB+10.55GB=1.66TB。
第三是告警记录，它的大小是 0.2MB/人，要求保存周期为 2 年，以每天平均产生 50 条告警
记录计算，其需要的存储空间为：0.2MB/条×50 条/天×300 天/年×2 年=5.86GB。上述三项
数据保存合计需要存储空间为约 1.14TB+1.66TB+5.86GB=2.8TB，考虑一定的冗余量，故数
据库服务器配置 4TB 存储空间可以保证系统数据持久化管理需要。

　　根据上述分析，结合市场上主要服务器厂商的入门级产品规格，设计人员对每种服务
器的配置和数量主要技术指标给出了如表 3-17 所示方案。

表 3-17   服务器的配置和数量主要技术指标

序号	服务器类别	服务器用途简要说明	主要技术参数要求	数量（台）
1	动态人脸识别服务器	考场监控视频及抓拍图片接入管理，将考生人脸特征提取与注册，提供动态人脸识别算法接口服务，提供人脸识别接口服务，提供 Web 管理界面	1）使用一台高配置的 GPU 服务器用于接入 20 路高清视频进行处理，完成对视频画面中出现的人脸进行识别。具体技术参数以选定的 GPU 服务器为准。 2）使用一台低配置的 GPU 服务器用于接入 60 个考位摄像头发来的人脸抓拍图片，完成图片中的人脸识别。具体技术参数以选定的 GPU 服务器为准	2
2	Web 服务器	部署 Web 服务组件，为采用 B/S 架构的考场监管应用软件提供相应的 Web 服务	1）2U 机架式服务器主机。 2）CPU：1 个，入门级，多核高速处理。 3）内存：≥16GB，DDR4。 4）硬盘：≥480GB，SSD。 5）单电源	1
3	应用服务器	考生人脸采集照相机接入管理，部署人脸采集数据质量检查应用软件；部署对外接口程序，实现考场监管应用软件与"考试注册预约系统"之间的对接	1）2U 机架式服务器主机。 2）CPU：1 个，入门级，多核高速处理。 3）内存：≥16GB，DDR4，可插拔，有扩展位，以便扩充。 4）硬盘：≥2TB，HDD，SATA 接口。 5）单电源	1
4	数据库服务器	用于考生人脸注册数据、考场基础数据、人脸识别结果、告警记录等数据持久化管理	1）2U 机架式服务器主机。 2）CPU：1 个，入门级，多核高速处理。 3）内存：≥16GB，DDR4，可插拔，有扩展位，以便扩充。 4）硬盘：≥4TB，HDD，SATA 接口，建议做 RAID 1 级别容错。 5）单电源	1

工作实施

　　1. 梳理园区人脸识别系统应该满足的用户业务需求，明确系统需要支持的终端设备及
用户规模、需要支持的用户访问最大并发量、需要支持的数据处理实时性要求、需要支持
的数据存储空间需求及安全性要求、需要支持的业务可靠运行或连续运行要求等。

　　2. 依据用户业务需求分析结果和本单元学习情境 3.1 中提交的"园区人脸识别系统服

务器配置说明",完成服务器配置方案设计,确定各类服务器配置数量和主要技术参数。

3. 进行分组讨论,通过取长补短、优势互补,形成本小组"园区人脸识别系统服务器配置方案"。

评价反馈

表 3-18 学生自评表

序号	评价项目	评价标准	分值	得分
学习情境 3.2 确定需要配置的服务器数量及其技术参数				
1	正确理解服务器性能评价标准	能够正确阐述服务器的易用性、可用性、可管理性、可扩展性在智能识别系统建设过程中是如何体现的	20	
2	掌握基于性能的服务器分类方法	能够说出入门级服务器与企业级服务器的主要区别	15	
3	掌握智能识别系统用户业务需求内涵	能够从智能图像识别系统建设用户需求中正确地梳理出用户的业务需求	20	
4	正确理解用户业务需求对服务器配置方案的影响	能够将用户业务需求与相关类型服务器的数量安排及主要技术参数的选配正确地关联起来	20	
5	具备制定服务器配置方案的能力	能够根据任务书及工作实施要求,确定人脸识别应用系统需要配置的各类型服务器的具体数量及主要技术参数,并提交服务器配置文档	25	
		合计	100	

表 3-19 学生互评表

序号	评价项目	分值	等级				评价对象			
			优	良	中	差	1	2	3	4
学习情境 3.2 确定需要配置的服务器数量及其技术参数										
1	能够正确阐述服务器的易用性、可用性、可管理性、可扩展性在智能识别系统建设过程中是如何体现的	20	15	12	9	6				
2	能够说出入门级服务器与企业级服务器的主要区别	15	15	12	9	6				
3	能够从智能图像识别系统建设用户需求中正确地梳理出用户的业务需求	20	20	16	12	8				
4	能够将用户业务需求与相关类型服务器的数量安排及主要技术参数的选配正确地关联起来	20	20	16	12	8				
5	能够根据任务书及工作实施要求,确定人脸识别应用系统需要配置的各类型服务器的具体数量及主要技术参数,并提交服务器配置文档	25	30	24	18	12				
	合计	100								

表 3-20 教师评价表

序号	评价项目		评价标准	分值	得分
学习情境 3.2 确定需要配置的服务器数量及其技术参数					
1	考勤(20%)		无无故迟到、早退、旷课现象	20	
2	工作过程(40%)	准备工作	能够认真学习相关知识,正确理解服务器性能评价准则,准确掌握不同性能等级服务器在硬件配置方面的具体差异	10	

（续表）

序号	评价项目		评价标准	分值	得分
2	工作过程（40%）	工作态度	能够按要求及时完成服务器配置文档编写工作	10	
		工作方法	能够根据用户的业务需求，合理确定系统需要配置的各类服务器的具体数量及主要技术参数，遇到问题能够及时与同学和教师沟通交流	20	
3	工作结果（40%）	服务器配置说明文档	文档各项关键内容完整（含服务器类别、用途说明、配置数量和主要技术参数	10	
		服务器配置方案质量	服务器类别配置正确	10	
			各类服务器数量及主要技术参数选配合理	10	
		工作结果展示	能够准确表达、汇报工作成果	10	
		合计		100	

学习情境 3.2   确定需要配置的服务器数量及其技术参数

拓展思考

1. 请上网查找收集资料，简述在为应用服务器或数据库服务器配置硬盘时，采用 RAID 0、1、5、10 等方案的区别。

2. 请上网查找收集资料，并结合案例提供的信息，简述需要为"人脸识别考场管理系统"中的应用服务器和数据库服务器选配何种规格的网卡。

学习情境 3.3   优化服务器配置方案

学习情境 3.3
微课视频

学习情境描述

结合系统建设的成本限制，对服务器配置方案进行优化，提高配置方案的性价比。

学习目标

1. 正确理解服务器配置方案优化工作目的，掌握服务器配置方案优化的方法。
2. 正确理解服务器选型工作过程。

任 务 书

某工业园区需要对快递人员进入园区进行授权管理和轨迹跟踪，为此他们计划构建一个园区人脸识别系统。你所在的公司承接了该系统建设工作，并成立了相关项目组开展系统开发建设工作，你是项目组成员之一，参与系统设计，并具体负责系统硬件设备选型工作。

在学习情境 3.2 中，你与项目组成员一起，根据"园区人脸识别系统"建设目标，通过详细分析用户业务需求，完成园区人脸识别系统服务器配置方案设计，并提交给项目经理进行评审。在方案评审过程中，部门负责人提出由于系统建设经费有限，希望能够根据市场服务器供货情况，在保证满足系统建设需求的情况下，通过开展充分的服务器选型工作，对系统服务器配置方案进行优化，最大限度提升方案的性价比。

根据评审意见，项目要求你立即组织实施服务器选型工作，力争通过选型，进一步优化系统服务器配置方案，实现提升方案性价比的目标。

获取信息

引导问题 1：如何根据系统建设成本限制对服务器配置方案进行优化？

（1）工作原则是什么？

_____

_____

（2）有哪些选项？

_____

_____

引导问题 2：如何完成服务器的选型？

（1）什么是服务器选型？

_____

_____

（2）服务器选型的工作流程是什么？

_____

_____

_____

工作计划

1. 制定工作方案

表 3-21　工作方案

步骤	工作内容
1	
2	
3	
4	
5	

2. 确定人员分工

表 3-22　人员分工

序号	人员姓名	工作任务	备注
1			
2			
3			
4			

知识准备

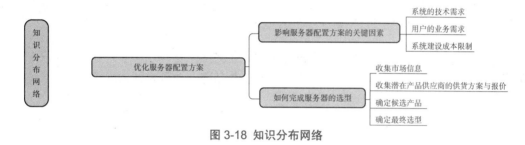

图 3-18　知识分布网络

3.3.1　影响服务器配置方案的关键因素：系统建设成本

在实际工作中，影响服务器配置的因素主要有系统的技术需求、用户的业务需求和系统建设成本限制。

在本单元前面两个学习情境中，我们分别介绍了在信息化系统建设过程中，系统的技术需求和用户业务需求对设计系统服务器配置方案的影响，接下来一起来看看系统的建设成本限制又是如何影响系统服务器配置方案设计的。

所有的计算机网络系统都必须在有限的资金投入下完成建设，并实现建设目标、满足用户需求。在完成前面两步工作后，我们会得到一个初步的服务器配置方案，这时我们就要结合系统的建设预算仔细评估一下这个配置方案在建设成本方面的可行性。

如果经过评估，发现我们设计提交的服务器配置方案执行后会突破项目建设分配给系统服务器采购的预算，我们就必须进行方案优化调整。通常，可供选择的优化调整手段有以下几种。

（1）降低服务器配置。认真分析每种服务器的拟选配置是否过高、是否存在计算资源或数据存储空间过剩现象，如果存在，适当调低相关服务器的配置，或选用综合性能低一档次的型号，以降低采购费用。

（2）减少服务器种类。认真分析业务处理量及其复杂程度，对一些业务逻辑简单、处理量不大的业务系统，尽量简化系统架构设计，以此来减少服务器种类，从而达到减少数量和开支的目的。例如，在根据用户请求只需要生成返回静态页面的 Web 应用系统中，只配置 Web 服务器，无须配置独立的应用服务器。而在一些面向企业内部使用的考勤管理系统中，由于考勤管理的业务逻辑很简单，但考勤数据很重要不能丢失，因此可考虑通过合理配置 CPU 参数、适当增大内存和硬盘空间，使用一台服务器同时实现考勤管理软件的部署和考勤数据的保存。

（3）适当增加可配置组件数量。认真评估在现有服务器上增加可配置组件（如 CPU、内存、硬盘、GPU 卡等）数量和另外增加一台同类型服务器这两种不同的选项给系统建设带来的性价比，通常在现有服务器上适当地增加可配置组件的数量可以达到控制总体采购成本的目的。

在线测试 3.3.1

当我们基于系统建设成本控制需要，进行系统服务器配置方案优化时，一定要注意的是，无论采取何种措施，必须坚持系统的建设目标不能受到影响，需要满足的系统建设需求不能打折扣。所有的系统服务器配置方案优化工作，一定是以满足系统建设需求为前提来实施的。

3.3.2 如何完成服务器的选型

在实际工作中，服务器选型是指根据服务器配置方案从市场上可供选用的服务器产品中挑选出能够满足系统建设需要的相应产品，给出其品牌、型号和具体配置。

服务器选型的具体工作步骤如图 3-19 所示。

1. 收集市场信息，确定潜在产品供应商

目前，在中国服务器市场上主要的产品厂商有浪潮、华为、联想、DELL、HP、IBM，这些厂商都有自己的企业网站和遍布全国的产品销售网络，可通过上网查找或打电话给产品代理商，了解各厂商可以提供的服务器产品类型及相关细节，以确定潜在的产品供应商，工作流程如图 3-19 所示。

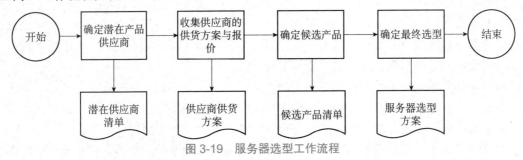

图 3-19　服务器选型工作流程

2. 收集潜在产品供应商的供货方案与报价

这一过程又称为"询价"，就是将自己制定的服务器配置方案发给潜在的产品供应商，请他们在自己的产品系列中给出具体的采购建议（含服务器型号、具体配置、报价）。为了方便比选，尽可能向 3 家以上的潜在产品供应商询价。

3. 确定候选产品

对收集到的多个厂商提供的服务器采购方案进行评估和比较后，按其与自己制定的服务器配置方案的符合程度高低进行排序，然后依次与各厂商的技术支持团队和商务代表进行沟通交流，掌握各种产品进一步优化配置的可能性及初步的采购成本，最终，为配置方案中的每种服务器确定候选供货厂商（最好能够有 3 家）。

4. 确定最终选型

通过与候选供货厂商的商务谈判，综合产品的最终配置、价格及售后服务内容，为配置方案中的每种服务器选出性价比最好的供货商，形成服务器选型清单（服务器品牌、型号、具体配置、单价）。

在线测试 3.3.2

相关案例

在本单元学习情境 3.2 给出的"人脸识别考试管理系统"服务器配置方案案例中，由于受到系统建设成本限制，项目经理要求设计人员在确保满足系统建设需求的前提下，对已经提交的服务器配置方案（见表 3-17）进行优化，并结合市场上相关服务器的供货价格，给出性价比更好的选型清单。

设计人员接到任务后，采取了下列举措进行方案优化工作。

1. 减少服务器配置种类

技术人员通过对用户业务需求再次认真分析，发现由 Web 服务器支撑运行的考试监管应用软件（B/S 架构）功能简单、用户数量不超过 20 人、系统的访问并发量小于 20 次/秒；另外，应用服务器管理的考生人脸采集照相机只有 2 台，部署在其上的人脸采集数据质量检查应用软件功能简单（只有 3 项功能）、日常用户数量不超过 3 人，部署在其上的对外接口程序只有一个，主要是从外部"考试注册预约系统"获取每天进考场考试的考生个人基本信息。由于 Web 服务器和应用服务器上都部署着业务逻辑简单、处理量不大的业务系统，故决定取消原先单独配置的 Web 服务器，将其与应用服务器合二为一，同时适当提高关键组件配置，如将 CPU 配置改为 2 路，电源改为双电源等，以满足合并后两个业务系统同时运行对硬件资源的要求。

2. 减少服务器配置数量

通过与设备厂商沟通，确认动态人脸识别服务器在接入处理高清视频的同时，也可接入图片进行人脸比对识别，且一台配置了四张 GPU 卡的高性能动态人脸识别服务器不仅拥有最多可同时处理 32 路 1080P 高清视频的能力，而且还具备人脸注册、人脸识别、识别结果实时上传等功能。故在确保人脸采集数据处理能力不变的情况下，将原来设计的高低性能动态人脸识别服务器各配置 1 台的方案，调整为只配置 1 台高性能动态人脸识别服务器。

3. 开展市场信息收集和服务器选型工作

从网上分别查找不同服务器生产厂商入门级产品的配置与价格，并通过与潜在的厂商（华为、浪潮、联想、DELL）进行认真沟通，分析他们提供的配置方案，比较不同方案的优缺点，最终完成服务器产品选型。

经过上述工作过程，设计人员最后给出了优化后的系统服务方案如表 3-23 所示。该方案将原先设计配置 4 种类型总计 5 台的服务器配置方案，调整为配置 3 种类型总计 3 台的服务器配置方案，在确保系统需求全部满足的情况下，顺利实现系统建设成本的有效控制。

表 3-23　优化后的系统服务器配置方案

序号	服务器类别	服务器用途简要说明	服务器品牌	主要技术参数	数量（台）
1	动态人脸识别服务器	考场监控视频及抓拍图片接入管理，考生人脸特征提取与考生注册，提供动态人脸识别算法接口服务，提供人脸识别接口服务，提供 Web 管理界面	川大智胜 WS-FACE3D Serve01-C32	1）CPU：Intel Broadwell E5-2680V4 14 核心/28 线程/2.4GB/35MB×2。 2）内存 32GB DDR4-2666×8，共计 256GB； 3）SSD 硬盘 480GB。 4）HDD 硬盘 4TB 7200RPM/128MB/SATA 3.5"×4。 5）GPU 卡：GeForce RTX 2080TI 11GB GDDR6×4。 6）系统 Ubuntu 18.04。 7）双万兆以太网端口。 8）电源：2000W（1+1）冗余电源。 9）机架式安装	1
2	应用服务器	考生人脸采集照相机接入管理，部署考场监管应用软件、人脸采集数据质量检查应用软件、对外接口程序，提供 Web 服务	联想 SR588	1）2U 机架式服务器主机。 2）CPU：Intel Xeon Bronze 3204×2。 3）内存：16GB，DDR4。 4）硬盘：2TB，HDD，SATA 接口。 5）双电源	1
3	数据库服务器	用于考生人脸注册数据、考场基础数据、人脸识别结果、告警记录等数据持久化管理	联想 SR588	1）2U 机架式服务器主机。 2）CPU：1 颗，入门级，多核高速处理。 3）内存：≥16GB，DDR4。 4）硬盘：HDD，SATA 接口，4TB×3，RAID1 级别容错。 5）双电源	1

工作实施

1. 向项目经理了解系统建设费用预算情况，并明确系统服务器采购配置的费用控制目标。

2. 与参与服务器配置方案设计的项目组成员共同讨论，确定优化方案的具体举措，如减少服务器种类，或适当增加可配置组件数量等。

3. 与项目成员一同收集市场信息，安排不同的人员负责不同种类服务器的选型工作。

4. 汇总大家的选型结果，并通过充分讨论，形成性价比最优的"园区人脸识别系统服务器配置方案"。

评价反馈

表 3-24　学生自评表

学习情境 3.3　优化服务器配置方案				
序号	评价项目	评价标准	分值	得分
1	了解影响系统服务器配置方案设计的主要因素	能够正确阐述影响系统服务器配置方案设计的主要因素	20	
2	了解基于成本限制的服务器配置方案优化方法	能够说出为满足系统建设成本限制，对服务器配置方案进行优化的可选举措	20	
3	了解服务器配置方案优化工作原则	能够正确阐述服务器配置方案优化工作原则	15	
4	掌握服务器选型工作基本概念	能够正确阐述服务器选型目的、工作流程及结果	20	

（续表）

学习情境 3.3　优化服务器配置方案				
序号	评价项目	评价标准	分值	得分
5	具备优化服务器配置方案的能力	能够根据任务书及工作实施要求，完成服务器配置方案优化工作，并提交性价比更好的服务器配置方案	25	
		合计	100	

表 3-25　学生互评表

学习情境 3.3　优化服务器配置方案										
序号	评价项目	分值	等级				评价对象			
			优	良	中	差	1	2	3	4
1	能够正确阐述影响系统服务器配置方案设计的主要因素	20	20	16	12	8				
2	能够说出为满足系统建设成本限制，对服务器配置方案进行优化的可选举措	20	20	16	12	8				
3	能够正确阐述服务器配置方案优化工作原则	15	15	12	9	6				
4	能够正确阐述服务器选型目的、工作流程及结果	20	20	16	12	8				
5	能够根据任务书及工作实施要求，完成服务器配置方案优化工作，并提交性价比更好的服务器配置方案	25	25	20	15	10				
	合计	100								

表 3-26　教师评价表

学习情境 3.3　优化服务器配置方案					
序号	评价项目		评价标准	分值	得分
1	考勤（20%）		无无故迟到、早退、旷课现象	20	
2	工作过程（40%）	准备工作	能够认真学习相关知识，正确理解服务器配置方案优化工作原则，并结合系统建设实际情况，提出合理的优化举措	10	
		工作态度	能够按要求及时完成服务器配置方案优化工作	10	
		工作方法	能够充分收集市场信息，优质完成服务器选型工作，为优化配置方案提供可靠的支撑。遇到问题能够及时与同学和教师沟通交流	20	
3	工作结果（40%）	优化后的服务器配置方案	文档各项关键内容完整（含服务器类别、用途说明、配置数量和主要技术参数	10	
			各类服务器数量配置合理	10	
			各类服务器主要技术参数选配合理	10	
		工作结果展示	能够准确表达、汇报工作成果	10	
	合计			100	

拓展思考

　　请上网查找收集华为服务器产品相关资料，并与厂家客户服务人员交流园区人脸识别系统的技术与业务需求，为园区人脸识别系统设计出使用华为服务器产品（包括人脸识别服务器、应用服务器及数据库服务器）的系统服务器配置方案。

单元4 开发智能图像识别应用软件

通过前面三个单元内容的学习，我们已经了解到智能图像识别系统是通过对图像数据的采集和处理来实现各种业务应用的，图像数据采集与管理、图像数据实时处理与准确分析识别是智能图像识别系统中两个最重要的工作环节，它们的质量与效率决定着整个系统的运行质量与效率。因此，围绕图像传感设备做好图像数据采集与管理相关应用软件开发，围绕图像数据处理分析平台做好图像数据实时处理与分析运用相关应用软件开发，也就成为智能图像识别应用软件开发的工作重心。

本单元我们继续以园区快递人员管理系统建设为例，围绕三维人脸照相机和动态人脸识别服务器这两个关键设备，详细介绍人脸图像数据的采集与管理、人脸注册数据库的建立、基于视频图像的人脸识别、基于人脸识别结果的人员轨迹跟踪等应用软件的开发过程，带领大家一起学习掌握与智能图像识别技术应用密切相关的软件开发技能。本单元包括三个学习情境，教学导航如图4-1所示。

教学导航	知识重点	1.人脸识别系统工作原理 2.软件需求分析与设计 3.软件设计关键工作原则 4.软件详细设计 5.用户界面开发常用方法和工具 6.软件接口的作用和一般工作原理
	知识难点	1.软件设计关键工作原则 2.软件接口开发与调用
	推荐教学方法	从软件工程概念、人脸识别系统工作过程、人脸识别系统关键设备入手，先引导学生了解软件工程的重要意义，掌握工程化人脸识别应用软件开发过程；然后通过软件需求分析与设计、软件详细设计与编码等开发活动，带领学生围绕人脸识别系统关键设备，逐个完成具体的人脸识别应用软件开发任务
	建议学时	16学时
	推荐学习方法	深刻理解软件工程的重要意义，用软件工程思想指导自己的软件开发行为，严格遵守软件开发过程规范
	必须掌握的理论知识	1.人脸识别系统工作原理 2.软件需求分析与设计 3.软件接口的作用和一般工作原理
	必须掌握的技能	1.软件开发文档编写 2.通过Python编程，完成人脸识别系统用户界面开发、设备接口调用、业务逻辑实现

图 4-1 教学导航

学习情境 4.1　人脸识别应用软件需求分析与设计

学习情境 4.1
微课视频

学习情境描述

根据用户需求，进行人脸识别应用软件需求分析，并完成软件概要设计。

学习目标

1. 能够正确阐述软件需求分析工作目的，并根据用户的人脸识别应用需求，整理提交人脸识别应用软件需求分析报告。

2. 能够正确阐述软件概要设计工作目的及工作内容，并根据人脸识别应用软件需求分析报告，完成相关应用软件概要设计工作，提交相应的人脸识别应用软件概要设计报告。

任 务 书

某工业园区需要对快递人员进入园区进行授权管理和轨迹跟踪，为此他们计划构建一个基于人脸识别技术的园区快递人员管理系统。

该系统由前端设备和管理后台两部分构成。其中，前端设备由部署在园区大门口的人脸识别闸机、部署在园区内道路沿线及各类建筑物出入口的高清监控摄像机和部署在园区管理部的三维人脸照相机组成；管理后台由部署在园区机房的各类服务器及一套"园区快递人员管理系统"应用软件组成。

请你根据了解到的用户需求（见表 4-1）和用户认可的系统建设方案（见图 4-2），完成"园区快递人员管理系统"应用软件的需求分析与概要设计。

表 4-1　园区快递人员管理系统建设需求

园区快递人员管理系统建设需求		
系统建设目的	通过对外来高风险人群的精细化管理，加强园区防控能力，提升园区智能化管理水平	
用户想要解决的关键问题	作为提供公共服务的从业人员，快递人员因工作性质，每天需要进出各种场所、接触众多人员，流动性大。为了确保园区物流快递服务正常进行，需要对快递人员进入园区进行实名登记，对其在园区内的行踪进行详细记录	
系统建设目标	通过采用三维动态人脸识别技术，结合园区出入口人员通行闸机安装和园区内视频监控设备部署，对所有进入园区的快递人员做到"精准识别、授权进入、轨迹跟踪、自动记录"	
系统主要功能需求	功能项	功能描述
	快递人员进入园区授权管理	1. 可对需要进入园区的快递人员进行登记注册，并采集人脸信息 2. 只有登记注册过人脸信息的快递人员才会通过园区出入口人员通行闸机的人脸识别进入园区开展服务 3. 能够自动生成快递人员进出园区的通行记录，以便查询、统计和分析
	快递人员园区内运行轨迹查看	可根据快递人员姓名或照片查询其某天在园区的运动轨迹，并展示在园区电子地图上
系统主要功能需求	统计分析	1. 可统计某天进入园区的快递人员总数 2. 可统计某快递人员一周内出入园区次数 3. 可根据一周的统计数据分析出快递人员出入园区的高峰时间段

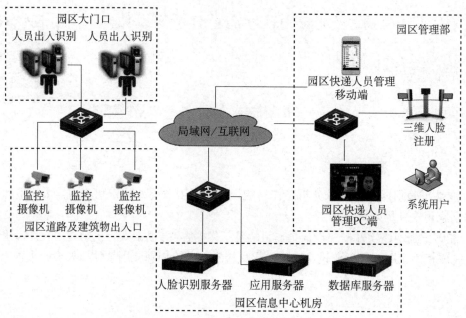

图 4-2　园区快递人员管理系统拓扑图

获取信息

引导问题 1：什么是软件需求分析？

（1）软件需求分析工作流程是什么？

_____

_____

（2）软件需求分析报告的关键内容有哪些？

_____

_____

引导问题 2：什么是软件概要设计？

（1）软件概要设计工作的目的是什么？

_____

_____

（2）软件概要设计工作流程是什么？

_____

_____

（3）软件概要设计报告主要包含哪些内容？

_____

_____

工作计划

1. 制定工作方案

表 4-2　工作方案

步骤	工作内容
1	
2	
3	
4	
5	

2. 确定人员分工

表 4-3　人员分工

序号	人员姓名	工作任务	备注
1			
2			
3			
4			

知识准备

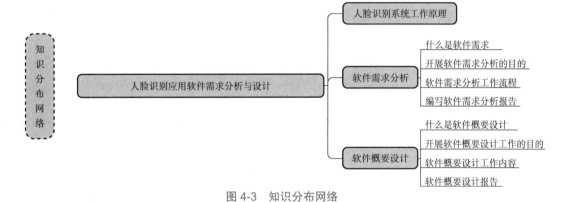

图 4-3　知识分布网络

4.1.1　人脸识别系统工作原理

人脸识别是基于人的脸部特征信息进行其身份识别的一种生物识别技术，也是当前图像处理、模式识别和计算机视觉领域一个热门的研究课题。相较于指纹识别、虹膜识别等其他的生物识别技术而言，人脸识别由于使用方便，且在使用过程中具有非侵扰性和无接触性优势，因而在许多领域里都得到快速推广应用。

在实际运行过程中，一个人脸识别应用系统实现人脸识别的过程通常由四个阶段构成，如图 4-4 所示。

第一阶段：建立人脸注册数据库。

第二阶段：通过各种方式获得需要识别的目标人脸图像。

第三阶段：将目标人脸图像与人脸注册数据库中既有的人脸图像比对，并生成比对识别结果。

第四阶段：输出人脸识别结果。

人脸识别应用软件的开发是将人脸识别技术运用到具体的业务领域中，以便作为最终手段解决人们在业务实施过程中遇到的问题。

在线测试 4.1.1

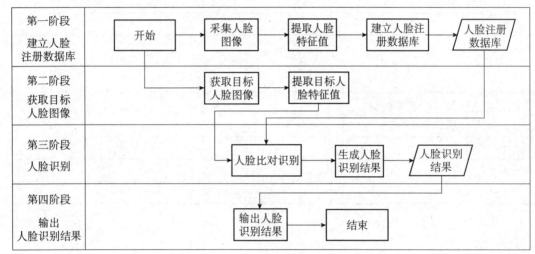

图 4-4　人脸识别过程

4.1.2　软件需求分析

我们知道，一个软件的开发过程通常包括立项、需求分析、概要设计、详细设计、编码、测试、集成、部署运行及维护等工作内容。其中，需求分析是软件开发过程中的一项重点工作。

通过需求分析过程中的交流、沟通和讨论，软件开发者和用户就"最终交付给用户使用的软件应该是什么样子的"建立一个共同的认识，以便在此基础上顺利完成软件的开发与交付工作。

1. 什么是软件需求

所谓"软件需求"，是指我们要构建的计算机信息化系统必须具备的软件能力，缺少了这种软件能力，构建出来的系统就无法满足用户提出的系统建设要求（即用户需求），而这种软件能力通常是通过以下内容来进行具体描述的。

● 软件可以接收并进行处理的输入，包括输入内容、输入方式和需要支持的输入设备。

● 软件能够提供的输出，包括输出的内容、输出方式和需要支持的输出设备。

● 软件应该具备的功能，通过这些功能对输入进行必要的处理后得到需要的输出。

● 软件应该具备的基本属性，即软件的非功能性需求，如易用性、可靠性、性能（响应时间、吞吐量、容量等）、可维护性等。

● 软件的运行环境要求，运行时需要的硬件支撑条件、系统软件支撑条件、网络支撑条件等。

软件需求分析就是通过正确理解用户需求和系统解决方案，对系统需要具备的软件能力进行详细梳理、构思和规划，并使用软件设计和开发人员易于理解的方式深入描述软件的功能、性能和其他有效性需求，对软件需要"做什么"进行准确定义，以便为软件设计和开发工作提供引导的过程。

2. 开展软件需求分析的目的

开展软件需求分析的目的是为软件开发指明正确的工作方向，为软件设计、编码实现、测试、交付等提供正确的工作依据，确保最终交付给用户的软件产品能够帮助用户实现系统建设目标。

3. 软件需求分析工作流程

需求分析可分为需求提出、需求描述及需求评审三个阶段。需求提出主要集中在基于使用者对系统的观点描述系统目的。开发人员和用户确定一个问题领域，并定义一个描述该问题的系统，这样的定义称作系统规格说明，并且它在用户和开发人员之间充当合同。

在需求描述阶段分析人员的主要任务是：对用户的需求进行鉴别、综合和建模，清除用户需求的模糊性、歧义性和不一致性，分析系统的数据要求，为原始问题及目标软件建立逻辑模型。分析人员要将对原始问题的理解与软件开发经验结合起来，以便发现哪些要求是由用户的片面性或短期行为所导致的不合理要求，哪些是用户尚未提出但具有真正价值的潜在需求。

在需求评审阶段，分析人员要在用户和软件设计人员的配合下对自己生成的需求规格说明和初步的用户手册进行复核，以确保软件需求的完整、准确、清晰、具体，并使用户和软件设计人员对需求规格说明和初步的用户手册的理解达成一致。一旦发现遗漏或模糊点，必须尽快更正，再行检查。

4. 编写软件需求分析报告

软件需求分析报告又称软件需求说明书或软件需求规格说明书，它的编制是为了使软件开发者和用户双方能够对最终交付给用户使用的软件有共同的理解和认识，并使之成为整个软件开发工作的基础。通常，可参考下列模板组织编写软件需求分析报告。

《软件需求分析报告》

1 引言

1.1 编写目的

说明编写这份软件需求分析报告的目的，指出预期的读者。

1.2 定义

列出本文件中用到的专门术语的定义和外文首字母词组的原词组。

1.3 参考资料

列出所需参考资料，如：

- 本项目的经核准的计划任务书或合同、上级机关的批文；
- 属于本项目的其他已发表的文件；
- 本文件中各处引用的文件、资料、要用到的软件开发标准，这些文件资料的标题、文件编号、发表日期和出版单位，以及能够得到这些文件资料的来源。

2 任务概述

2.1 目标

简述本软件的开发目的、应用目标和作用范围，说明本软件的内部组成部分及其之间的相互关系（可使用一张方框图来说明）。

2.2 用户特点

列出本软件的最终用户的特点，充分说明操作人员、维护人员的教育水平和技术专长，这些是软件设计工作的重要约束。

2.3 假定和约束

列出进行本软件开发工作的假定和约束，如经费限制、开发期限等。

3 需求规定

3.1 对功能的规定

用列表的方式（如 IPO 表，即输入、处理、输出表的形式），逐项定量和定性地叙述对软件所提出的功能要求，说明输入什么、经怎样的处理、得到什么输出，说明软件应支持的终端数和应支持的并行操作的用户数。

3.2 对性能的规定

3.2.1 精度

说明对本软件的输入、输出数据精度的要求，可能包括传输过程中的精度。

3.2.2 时间特性要求

说明对于本软件的时间特性要求，如用户请求响应时间、界面更新处理时间、数据的转换和传送时间等的要求。

3.2.3 可靠性要求

说明对本软件的可使用时间（如全年 7 天×24 小时稳定运行）、平均故障间隔时间（MTBF）、平均修复时间（MTTR）的具体要求。

3.2.4 可维护性要求

说明对提高本软件可维护性的要求，包括编码标准、命名约定、类库、维护访问和维护工具等。

3.3 输入/输出要求

解释各输入/输出数据类型，并逐项说明其媒体、格式、数值范围、精度等。对软件的数据输出及必须标明的控制输出量进行解释并举例，包括对硬拷贝报告（正常结果输出、状态输出及异常输出），以及图形或显示报告的描述。

3.4 数据管理能力要求

说明需要管理的记录、表的个数、大小规模，要按可预见的增长对其存储要求作出估算。

4 运行环境规定

4.1 设备

列出运行本软件所需要的硬件设备，包括：

- 处理器型号及内存容量。
- 外存容量、联机或脱机、媒体及其存储格式，设备的型号及数量。
- 输入及输出设备的型号和数量，联机或脱机。
- 数据通信设备的型号和数量。
- 其他专用硬件。

4.2 支持软件

列出运行环境支持的软件，包括要用到的系统软件、基础软件、第三方插件等。

4.3 接口

说明本软件必须支持的接口，包括：

- 用户接口：描述软件要实现的用户接口。
- 硬件接口：定义软件必须支持的硬件接口，包括逻辑结构、物理地址和预期的行为。
- 软件接口：与其他软件系统、软件组件之间的接口。
- 通信接口：描述与其他系统或设备间的通信接口，如通信网络

类型、通信协议等。

在线测试 4.1.2

5 设计约束

设计约束代表强制性设计决策，包括要使用的开发语言及开发工具、需要遵循的软件开发过程、体系结构和设计约束、需要使用的中间件、购买的组件和类库等，且必须服从。

4.1.3　软件概要设计

1. 什么是软件概要设计

软件概要设计的主要任务是把软件需求分析得到的有关目标系统所应具备的软件能力转换为具体的软件结构和数据结构，建立起软件系统的逻辑模型。软件结构有时又称为"软件体系架构"或"软件系统架构"。

2. 开展软件概要设计工作的目的

通过构建软件系统的逻辑模型，为软件开发工作提供具体的实施方案和行动策略，方便开发人员把握软件系统的整体布局，并为后续的软件详细设计和代码实现提供工作依据和技术定位。

3. 软件概要设计工作内容

软件概要设计的工作内容主要包括软件结构设计和数据结构设计两大部分。

（1）软件结构设计的具体任务是将一个复杂的软件系统按功能进行子系统和模块的划分，建立子系统及子系统内部各功能模块间的层次结构及调用关系，确定模块间的接口，确定系统的人机界面等。

所谓模块，是指具有相对独立性的，由数据说明、执行语句等程序对象构成的集合。软件系统中的每个功能模块都需要单独命名，通过名字可实现对指定模块的访问。在高级语言中，模块具体表现为函数、子程序、过程等。

一个模块具有输入/输出（接口）、功能、内部数据和程序代码四个特征。其中，输入/输出用于实现模块与其他模块间的数据传送，即向模块传入所需的原始数据及从模块传出得到结果数据；功能指模块完成的工作内容，模块的输入/输出和功能构成了模块的外部特征；内部数据是指仅能在模块内部使用的局部量。

在此，尤其需要注意的是：在进行软件系统的功能模块划分时，需要严格遵守"高内聚、低耦合"的设计原则。软件结构设计主要内容包括：

①确定构造子系统的模块元素；

②根据软件需求定义每个模块的功能；

③定义模块接口与设计模块接口数据结构；

④确定模块之间的调用与返回关系；

⑤评估软件结构质量，进行结构优化。

（2）数据结构设计包括数据特征的描述、确定数据的结构特性，以及数据库的设计。

在软件概要设计过程中还需要对那些会被众多模块共同使用的公共数据的结构进行确定，如公共变量、数据文件及数据库中的数据等，可以将这些数据看作系统的公共数据环境。对公共数据的设计包括：

①公共数据变量的数据结构与作用范围；

②输入/输出文件的结构；

③数据库中的表结构、视图结构，以及数据完整性等。

4. 软件概要设计报告

编写软件概要设计报告可以参考下列文档模板。

《软件概要设计报告》

1 引言

1.1 编写目的

说明编写这份概要设计报告的目的，指出预期的读者。

1.2 背景

说明待开发软件系统的名称，并列出此项开发任务的提出者、开发者、用户。

1.3 定义

列出本文档中用到的专门术语的定义和外文首字母词组的原词组。

1.4 参考资料

列出有关的参考文件，如与本项软件开发任务相关的合同或经批准的工作任务书，本文档中各处引用的文件、资料，包括所要用到的软件开发标准等。列出这些文件的标题、文件编号、发表日期和出版单位，说明能够得到这些文件资料的来源。

2 软件结构设计
2.1 软件体系结构

以框图的形式说明本软件系统的子系统和模块划分，一个矩形框代表一个模块；以图形化的方式分层次地给出子系统与各模块之间的关联关系，以及它们之间的控制与被控制关系；列表说明每个模块的标识符和具体功能。

2.2 功能需求与程序的关系

本节要说明软件需求分析报告中的各项功能需求已在软件体系结构中得到分配，可用如下表格说明各项功能需求与软件模块的对应关系。

	【软件模块 1】	【软件模块 2】	...	【软件模块 M】
【功能需求 1】	√			
【功能需求 2】		√		
⋮				
【功能需求 N】		√		√

3 数据结构设计
3.1 逻辑结构设计要点

给出本软件要用到的所有数据结构的名称、标识符，以及每个数据结构中所含的各个数据项的标识、定义、长度；同时，对所有这些数据结构之间的相互关系进行说明。

3.2 物理结构设计要点

给出上述每个数据结构所含各数据项的存储要求、访问方法、存取单位、存取的物理关系（索引、设备、存储区域）、设计考虑和保密条件。

3.3 数据结构与程序模块间的关系

给出本软件内会用到的所有数据结构的名称、标识符，使用下表说明各个数据结构与访问这些数据结构的各个程序模块间的对应关系。

	【软件模块 1】	【软件模块 2】	...	【软件模块 M】
【数据结构 1】	√			
【数据结构 2】	√	√		
⋮				
【数据结构 N】		√		√

4 接口设计
4.1 用户接口

说明将向用户提供的命令和它们的语法结构，以及软件的回答信息；说明提供给用户操作的硬件控制面板的定义。

4.2 外部接口

说明本系统同外界的所有接口的安排，包括软件与硬件之间的接口、本系统与各支持软件之间的接口关系。

4.3 内部接口

说明本系统内各个系统元素之间的接口的安排。

5 系统出错处理设计

5.1 出错信息

用一览表的方式说明每种可能的错误或故障情况出现时，系统输出信息的形式、含义及处理方法。

5.2 故障处理

说明故障出现后可能采取的变通措施，包括备份措施、降效措施、恢复及再启动技术。

（1）备份措施：为应对系统原始数据万一丢失而采用的数据副本建立和启用技术，例如周期性地把磁盘数据记录到专用存储设备上去，就是针对磁盘数据的一种备份措施。

（2）降效措施：可供使用的另一个效率稍低的系统或方法，以获得所需结果的某些部分，例如一个自动系统的降效措施可以是手工操作和数据的人工记录。

（3）恢复及再启动措施：可使软件从故障点恢复执行或使软件从头开始重新运行的方法。

6 系统维护设计

说明为了系统维护的方便而在软件内部设计中作出的安排，包括在软件中专门安排用于系统的检查与维护的检测点和专用模块，预计今后需要进行功能扩充的模块，并对这些模块的接口进行专门定义等。

7 安全性设计

系统安全性设计包括操作权限管理设计、操作日志管理设计、文件与数据加密设计，以及特定功能的操作校验设计等。在此需要对这些内容作出专门的说明，并制定出相应的处理规则。例如，对于操作权限，若应用系统需要具有权限分级管理功能，就必须对权限分级管理中所涉及的分级层数、权限范围、授权步骤及用户账号存储方式等进行说明。

在线测试 4.1.3

相关案例

1. 信用卡评估系统（CCES）软件需求规格说明书

2. 信用卡评估系统（CCES）软件概要设计说明书

《CCES 软件需求规格说明书》

《CCES 软件概要设计说明书》

工作实施

1. 仔细阅读园区快递人员管理系统建设需求和系统建设方案。
2. 撰写园区快递员管理系统应用软件需求分析报告。
3. 撰写园区快递员管理系统应用软件概要设计报告。

评价反馈

表 4-4　学生自评表

序号	评价项目	评价标准	分值	得分
学习情境 4.1　人脸识别应用软件需求分析与设计				
1	掌握软件需求分析基本概念	能够正确阐述软件需求分析工作目的	10	
2	了解软件需求分析内容	能够说出软件需求分析的主要工作内容及工作流程	10	
3	具备编写软件需求分析文档的能力	能够根据用户的人脸识别应用需求，整理提交人脸识别应用软件需求分析报告	30	
4	掌握软件概要设计的基本概念	能够正确阐述软件概要设计工作目的及工作内容	20	
5	具备编写软件概要设计文档的能力	能够根据人脸识别应用软件需求分析报告，完成相关软件概要设计工作，提交相应的人脸识别应用软件概要设计报告	30	
	合计		100	

表 4-5　学生互评表

序号	评价项目	分值	等级				评价对象			
			优	良	中	差	1	2	3	4
学习情境 4.1　人脸识别应用软件需求分析与设计										
1	能够正确阐述软件需求分析工作目的	10	10	8	6	4				
2	能够说出软件需求分析的主要工作内容及工作流程	10	10	8	6	4				
3	能够根据用户的人脸识别应用需求，整理提交人脸识别应用软件需求分析报告	30	30	24	18	12				
4	能够正确阐述软件概要设计工作目的及工作内容	20	20	16	12	8				
5	能够根据人脸识别应用软件需求分析报告，完成相关软件概要设计工作，提交相应的人脸识别应用软件概要设计报告	30	30	24	18	12				
	合计	100								

表 4-6　教师评价表

序号	评价项目		评价标准	分值	得分
学习情境 4.1　人脸识别应用软件需求分析与设计					
1	考勤（20%）		无无故迟到、早退、旷课现象	20	
2	工作过程（20%）	准备工作	能够正确理解用户的建设需求，并结合系统解决方案梳理出应该由软件来实现的系统功能	5	
		工具使用	能够使用文档模板编写软件需求分析报告和概要设计报告	5	
		工作态度	能够按要求及时完成上述文档编写工作	5	
		工作方法	遇到问题能够及时与同学和教师沟通交流	5	
3	工作结果（60%）	软件需求分析报告	对软件的开发目的、应用目标和作用范围进行了说明	5	
			对软件最终用户及其受教育水平和技术专长进行了充分说明	5	
			在对软件功能进行梳理的基础上也明确了性能要求	5	
			对软件的运行环境需求进行了必要的描述	5	
			对软件必须支持的各类接口（如用户接口、硬件接口、软件接口、通信接口等）进行了说明	5	
		软件概要设计报告	以图形化的方式对软件的结构和数据结构进行了合理的描述。	5	
			对软件需要处理和管理的数据，从标识、类型、结构、规模数量、管理方式等方面进行了详细描述	5	
			对软件需要实现的接口，从形式、内容、运行方式等方面进行了详细描述	5	
			对软件运行过程中可能出现的异常情况如何处理进行了设计	5	
			在软件结构设计过程中考虑了系统上线运行后的维护需求	5	
		工作结果展示	能够准确表达、汇报工作成果	10	
合计				100	

拓展思考

1. 撰写园区快递员管理系统应用软件概要设计报告。在编写软件需求分析报告时，除了明确软件应该具备的功能，还要对软件应该达到的性能指标进行说明，如软件在运行过程中的可靠性要求、软件的可维护性要求、软件输入及输出数据的精度要求等。请简述在编写园区快递人员管理系统软件需求分析报告时，是否需要对系统能够处理的人脸图像数据的精度进行说明？如果需要的话应该使用什么指标进行说明？

2. 请简述在软件概要设计的过程中，当进行软件系统的功能模块划分时，为什么需要严格遵守"高内聚、低耦合"的设计原则？"高内聚、低耦合"的涵义是什么？

学习情境 4.2　实现人脸数据采集与管理功能模块

学习情境 4.2
微课视频

学习情境描述

　　三维人脸照相机是一种人脸图像采集传感设备，它的作用是为构建支撑人脸识别的人脸注册数据库提供高质量的三维人脸图像数据。

　　在实际应用的人脸识别系统中，当用户使用图像采集传感完成原始人脸数据采集后，需要通过相关的应用软件对采集到的原始人脸图像进行显示和质量检查，只有质量合格的原始人脸图像数据才会被保存下来用于构建人脸注册数据库。因此，利用人脸图像采集设备厂商提供的 SDK 或二次开发接口，开发相关应用软件，做好人脸图像数据采集质量检查和入库管理，是我们在建设人脸识别应用系统时需要开展的一项基本工作任务。

学习目标

　　1. 能够结合开发任务要求正确完成软件详细设计工作，整理提交软件详细设计报告（模块开发卷宗）。

　　2. 能够利用人脸采集设备二次开发接口编程实现设备连接，以及对设备上存放的人脸图像采集数据进行查询、删除和下载保存操作。

　　3. 能够通过小组合作的方式，通过 Python 完成人脸图像数据采集与管理功能模块开发。

任 务 书

　　根据"园区快递员管理系统"软件需求分析报告和概要设计报告，我们知道该软件由"人脸采集与注册""前端设备管理""快递人员出入管理"三个子系统组成，如图 4-5 所示，而"人脸采集与注册"子系统包含有"人脸图像数据采集与管理"和"人脸注册与识别结果管理"两个功能模块，其中"人脸图像数据采集与管理"功能模块可让用户对三维人脸

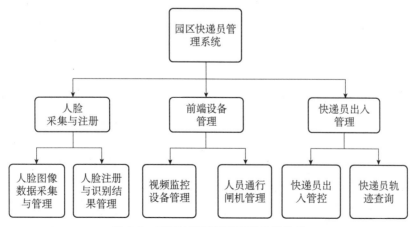

图 4-5　园区快递员管理系统软件结构

照相机采集到的三维人脸图像数据进行质量检查，并将合格数据保存以供建立人脸注册数据库使用。

三维人脸照相机在工作过程中首先将采集到的人脸图像数据保存在本地，然后再通过厂商提供的二次开发接口，为用户提供相机连接、人脸采集数据的查询、人脸采集数据下载至客户端保存、相机上保存的人脸采集数据的删除等应用开发支持。

请根据表 4-7 所示的有关"人脸图像数据采集与管理"功能模块的描述，对该功能模块进行详细设计并编码实现。

表 4-7　功能模块概述

模块名称	功能概述
人脸图像数据采集与管理	根据人员 ID 从采集设备上调阅已经采集的人脸图像数据，显示相应的人脸图像供用户检查数据采集质量。若质量合格则将相应的数据进行保存，以便后续供建立人脸注册数据库使用；若没有查到数据，则提示与人员 ID 相对应的人脸数据尚未采集；若显示出的人脸图像质量不合格，则删除设备上相应的数据，重新采集

获取信息

引导问题 1：软件详细设计的目的是什么？

引导问题 2：软件详细设计报告的作用是什么？它通常应该包含哪些主要内容？

引导问题 3：如何基于设备厂商提供的二次开发接口开展编程工作？

根据园区快递员管理系统拓扑图反映的设备连接关系，如果要从园区管理部用户办公计算机上看到人脸采集设备上保存的某位快递员的人脸原始数据，然后再将该数据从采集设备上删除，需要设备厂商提供哪些二次开发接口，才能编程实现这一功能？

引导问题 4：用户界面开发的目的是什么？常用的方法和工具有哪些？

引导问题 5：请根据任务书提供的"人脸图像数据采集与管理"功能模块程序执行流程（见图 4-6），列出开发该模块需要完成的编程工作内容。

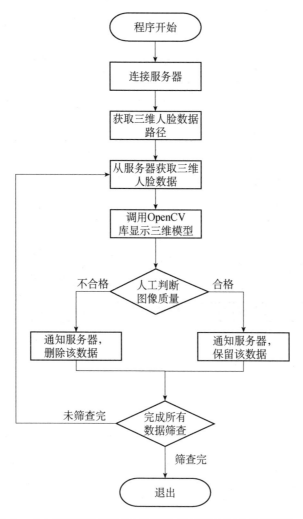

图 4-6　"人脸图像数据采集与管理"功能模块程序执行流程

工作计划

1. 制定工作方案

表 4-8　工作方案

序号	工作任务	任务概述
1	用户界面开发	
2	数据库开发	
3		
4		
5		

2. 确定人员分工

表 4-9　人员分工

序号	人员姓名	工作任务	备注
1		用户界面开发	
2		数据库开发	
3			
4			
5			

知识准备

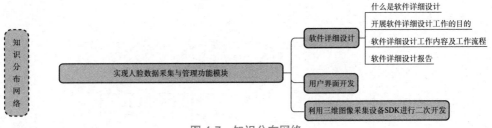

图 4-7　知识分布网络

4.2.1　软件详细设计

1. 什么是软件详细设计

软件详细设计是对已经完成的软件概要设计进行细化，对每个模块完成的功能进行具体的描述，并详细设计出每个模块的实现算法和所需的局部数据结构。

2. 开展软件详细设计工作的目的

为代码编写工作提供指导和依据，确保代码编写以正确的方式顺利完成。

3. 软件详细设计工作内容及工作流程（见图 4-8）

为了方便软件开发工作的组织与实施，确保软件开发质量，在进行软件详细设计时也可将软件界面设计和数据库设计作为两个专题设计工作独立安排，并提交单独的详细设计报告，以便由不同的专业小组（成员）分别承担用户界面开发和数据库开发工作。

在设计过程中，会常使用程序流程图、问题分析图（PAD）或过程设计语言（PDL）等对各模块的实现过程进行形象化描述。

4. 软件详细设计报告

软件详细设计报告是软件详细设计工作结果的文档化体现，在实际工作中软件详细设计报告常被称为"软件详细设计说明书"或"模块开发卷宗"。虽然不同的软件开发企业会根据自己的情况使用格式不同的软件详细设计报告文档模板，但其主要内容还是紧紧围绕各项软件功能模块是如何实现的这一核心来组织的。下面我们就给出一款软件详细设计报告模板，供大家在编写软件详细设计报告时参考使用。

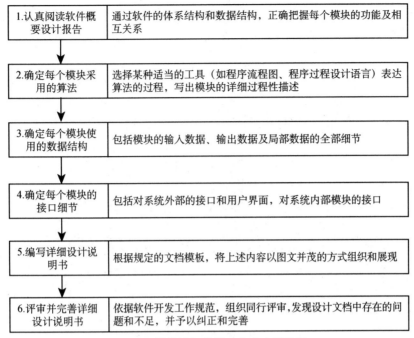

图 4-8　软件详细设计工作内容及流程

《软件详细设计报告》

1. 引言
1.1 编写目的
　　说明编写这份软件详细设计报告的目的，指出预期的读者。
1.2 背景说明
　　待开发软件系统的名称；本项目的任务提出者、开发者、用户和运行该程序系统的计算中心。
1.3 定义
　　列出本文件中用到专门术语的定义和外文首字母词组的原词组。
1.4 参考资料
　　列出有关的参考资料，如本项目的经核准的计划任务书或合同、上级机关的批文；属于本项目的其他已发表的文件；本文件中各处引用到的文件资料，包括所要用到的软件开发标准。列出这些文件的标题、文件编号、发表日期和出版单位，说明能够取得这些文件的来源。
2. 程序系统的结构
　　用一系列图表列出本程序系统内的每个程序（包括每个模块和子程序）的名称、标识符和它们之间的层次结构关系。
3. 模块 1(标识符)设计说明
　　从本章开始，逐个给出各个层次中每个程序的设计考虑。以下给出的提纲是针对一般情况的。对于一个具体的模块，尤其是层次比较低的模块或子程序，其很多条目的内容往往与它所隶属的上一层模块的对应条目的内容相同，在这种情况下，只要简单地说明这一点即可。

3.1 模块描述

给出对该程序的简要描述，主要说明安排设计本程序的目的和意义，并且还要说明本程序的特点，如是常驻内存还是非常驻，是否是子程序，是可重入的还是不可重入的，有无覆盖要求，是顺序处理还是并发处理等。

3.2 功能

说明该程序应具有的功能，可采用 IPO 图（即输入—处理—输出图）的形式。

3.3 性能

说明对该程序的全部性能要求，包括对精度、灵活性和时间特性的要求。

3.4 输入项

给出每一个输入项的特性，包括名称、标识、数据的类型和格式、数据值的有效范围、输入的方式、数量和频度、输入媒体、输入数据的来源和安全保密条件等。

3.5 输出项

给出每一个输出项的特性，包括名称、标识、数据的类型和格式、数据值的有效范围、输出的形式、数量和频度、输出媒体、对输出图形及符号的说明、安全保密条件等。

3.6 算法

详细说明本程序所选用的算法，具体的计算公式和计算步骤。

3.7 流程逻辑

用图表（如流程图、判定表等）辅以必要的说明来表示本程序的逻辑流程。

3.8 接口

用图的形式说明本程序所隶属的上一层模块及隶属于本程序的下一层模块、子程序，说明参数赋值和调用方式，说明与本程序直接关联的数据结构（如数据库、数据文卷）。

3.9 存储分配

根据需要，说明本程序的存储分配。

3.10 注释设计

说明准备在本程序中安排的注释，如加在模块首部的注释，加在各分枝点的注释，对各变量的功能、范围、缺省条件等所加的注释，对使用的逻辑所加的注释等。

3.11 限制条件

说明本程序运行中所受到的限制条件。

3.12 尚未解决的问题

说明在本程序的设计中尚未解决而设计者认为在软件完成之前应解决的问题。

4. 模块 2(标识符)设计说明

5. 模块 3(标识符)设计说明

6. ……（直至所有模块描述完毕）

在线测试 4.2.1

4.2.2　用户界面开发

软件界面的作用是通过给用户提供一个图像化操作界面，让用户能够轻松自如地使用软件的各项功能。对开发人员来说，软件界面可以将所有功能模块集成起来，并统一处理用户的输入和系统的输出。Python 提供了多个图形界面开发库，常用的 Python GUI 库如下。

● Tkinter：Tkinter 模块是 Python 的标准 Tk GUI 工具包的接口，可以在大多数的 UNIX 平台及 Windows 和 Macintosh 系统中使用，Tk8.0 以后的版本可以实现本地窗口风格，并能良好地运行在绝大多数平台中。

● wxPython：wxPython 是一款开源软件，是 Python 语言的一套优秀的 GUI 图形库，允许 Python 程序员方便地创建完整的、功能健全的 GUI 用户界面。

● Jython：Jython 程序可以和 Java 无缝集成。除了一些标准模块、Jython 使用 Java 的模块，Jython 几乎拥有标准的 Python 中不依赖于 C 语言的全部模块，如 Jython 的用户界面使用 Swing、AWT 或 SWT，Jython 可以被动态或静态地编译成 Java 字节码。

使用 Python 自带的 Tk GUI 工具包做界面，常用的控件有以下几个。

● Button 按钮控件：在程序中显示按钮。

● Frame 框架控件：在屏幕上显示一个矩形区域，多用作容器。

● Label 标签控件：用于显示文本和位图。

● Menubutton 菜单按钮控件：用于显示菜单项。

● Menu 菜单控件：用于显示菜单、下拉菜单和弹出菜单。

● Message 消息控件：用于显示多行文本，与 label 比较类似。

● Scrollbar 滚动条控件：当内容超过可视化区域时使用，如列表框。

● Text 文本控件：用于显示多行文本。

● tkMessageBox：用于显示应用程序的消息框。

用过 Tk GUI 工具包的开发人员都会注意到，在使用 Tk GUI 工具包进行界面布局时，界面中各个控件的位置只能通过代码来确定，它没有提供其他 GUI 工具可方便使用的拖拽功能，这使得在界面比较复杂、需要使用多种控件时，编程的工作量巨大。因此，在界面相对简单、各种控件数量有限的情况下，使用 Tk GUI 工具包即可以满足界面开发需要，一旦界面较为复杂时，还是需要选用功能更加丰富、效率更加高的 GUI 工具。其实，PyQt 就是一款可以应对复杂界面开发需求且效率较高的图形化用户界面开发工具。

Qt 是一个 1991 年由 Qt Company 开发的跨平台 C++图形用户界面应用程序开发框架，和 Windows 平台上的 MFC、OWL、VCL、ATL 同类型。它既可以开发 GUI 程序，也可用于开发非 GUI 程序，如控制台工具和服务器。Qt 是面向对象的框架，允许真正的组件编程，并且容易扩展。目前，Qt 已经实现了对 iOS、Android、WP 的全面支持，能够为应用软件开发人员提供建立艺术级 GUI 所需的全部功能。

对已经习惯使用 Qt 进行界面开发的软件人员也可以用 Python 提供的 PyQt（当前的主流版本是 PyQt5）开展软件界面开发。PyQt 包含的主要功能模块如下。

● QtCore 模块包含了核心的非 GUI 功能。此模块用于处理时间、文件和目录、各种数据类型、流、URL、MIME 类型、线程或进程。

● QtGui 模块包含的类用于处理窗口系统集成、事件处理、二维图形、基本成像、字体和文本。

- Qtwidgets 模块包含创造经典桌面风格的用户界面所需的一套 UI 元素的类。
- QtMultimedia 模块包含的类用来处理多媒体内容和实现访问相机和收音机功能的 API。
- Qtwebsockets 模块包含 WebSocket 协议实现类。
- QtWebKit 模块包含一个基于 Webkit2 的 Web 浏览器实现类。
- Qtwebkitwidgets 模块包含的类中的基础 Webkit1 用于实现 qtwidgets 应用 Web 浏览器。
- QtXml 模块包含 XML 文件的类。这个模块用于实现 SAX 和 DOM API。
- QtSql 模块提供操作数据库的类。

在线测试 4.2.2

4.2.3 利用三维图像采集设备 SDK 进行二次开发

一般情况下，三维图像采集设备厂商都会为用户提供与设备配套的 SDK，以方便用户围绕采集设备开展所需的二次开发。

在正式使用三维图像采集设备 SDK 之前，我们首先需要做好准备工作。例如，认真阅读设备厂商提供的 SDK 使用说明，全面了解通过 SDK 可以围绕采集设备实现哪些不同的应用功能，以及各项功能的具体实现过程。

下面是从一款三维人脸照相机配套的 SDK 说明书中摘录的部分关键内容，供大家了解学习。

《三维人脸照相机 SDK 说明书》

本 SDK 基于 C++/Qt 编程语言开发，以动态库（XX.dll）形式提供接口功能，供开发人员进行二次开发编程使用。通过本 SDK 提供的各项接口可实现的具体功能如下。

（1）与三维人脸照相机建立网络通信连接；

（2）通过输入身份 ID 号，查询三维人脸照相机是否采集了该人员的三维人脸数据；

（3）通过输入身份 ID 号，删除存储在三维人脸照相机磁盘内的三维人脸数据；

（4）通过输入身份 ID 号，获取存储在三维人脸照相机磁盘内的三维人脸数据；

（5）通过输入身份 ID 号，将获取的三维人脸数据解压缩到本地磁盘上。

相关接口定义如下。

① 利用三维人脸照相机提供的 SDK 接口，查询三维人脸采集数据。

调用接口：bool　SerchSwDataByID(int ID);

参数说明：

- ID：值为采集三维人脸数据时输入的 ID 号人脸照相机采集人脸数据后，以唯一 ID 号为名称存储的数据）。

返回值说明：

- True：查询到该人员的三维人脸数据。
- False：未查询到该人员的三维人脸数据。

② 利用三维人脸照相机提供的 SDK 接口，删除三维人脸数据。

调用接口：bool　DelSwDataByID(int ID);

参数说明：

● ID：值为待删除数据的 ID 号（ID 号唯一，参考查询接口的 ID 说明）。

返回值说明：

● True：删除三维人脸数据成功。

● False：删除三维人脸数据失败。

③ 利用三维人脸照相机提供的 SDK 接口，获取三维人脸数据。

调用接口：bool　GetSwDataByID(int ID,string saveDir);

参数说明：

● ID：值为待获取数据的 ID 号（ID 号唯一，参考查询接口的 ID 说明）。

● saveDir：获取的三维人脸数据的本地存储目录。

返回值说明：

● True：三维人脸数据获取成功，并将数据保存在指定目录。

● False：三维人脸数据获取失败。

④ 利用三维人脸照相机提供的 SDK 接口，解压三维人脸数据。

调用接口：bool　UnPackSwData(int ID,string srcDir);

参数说明：

● ID：值为待解压数据包的 ID 号（ID 号唯一，参考查询接口的 ID 说明）。

● SrcDir：三维人脸数据的存储目录。

返回值说明：

● True：三维人脸数据解压成功。

● False：三维人脸数据解压失败。

⑤ 三维图像显示。

……

⑥ 二维照片显示。

……

　　如果在某个人脸识别应用系统中使用了上述三维人脸图像采集设备，且在系统运行过程中想随时通过用户 PC 访问该采集设备，了解该设备已经采集了多少三维人脸数据、这些数据都是哪些人的、数据的采集质量如何，甚至需要将存放在采集设备上的三维人脸数据删除或是下载到 PC 上保存，我们都可以通过使用上述 SDK 提供的相关接口编程实现这些具体的功能。

在线测试 4.2.3

相关案例

　　基于三维人脸采集设备配套的 SDK，开发"三维人脸照相机采集数据查询与展示"功能模块，该功能模块可以根据指定的人员 ID，查询该人员的三维人脸数据是否已经采集，并将已经采集的三维人脸数据下载到本地进行显示。

1. "三维人脸照相机采集数据查询与展示"功能模块用户界面（见图 4-9）

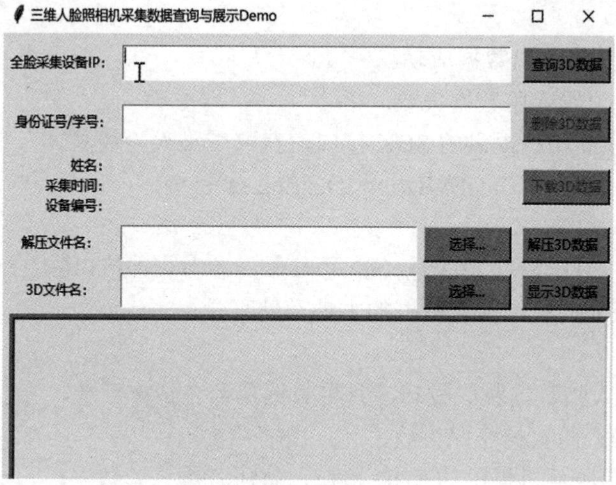

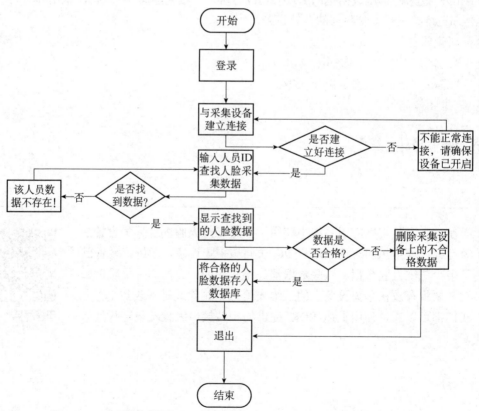

图 4-9   "三维人脸照相机采集数据查询与展示"功能模块用户界面

2. "三维人脸照相机采集数据查询与展示"功能模块程序执行流程（见图 4-10）

图 4-10   "三维人脸照相机采集数据查询与展示"功能模块程序执行流程

3．"三维人脸照相机采集数据查询与展示"功能模块代码示例

```
# -*- coding: utf-8 -*-

from tkinter import *

from image_display.controller import ImageDisplayController

# 初始化
root = Tk()

# 初始化控制器
controller = ImageDisplayController(root)

# 设置窗体参数
screenwidth = root.winfo_screenwidth()
screenheight = root.winfo_screenheight()
width = 660
height = 730
x = int((screenwidth - width) / 2)
y = int((screenheight - height) / 2)

root.title("三维人脸照相机采集数据查询与展示 Demo")
root.geometry('{}x{}+{}+{}'.format(width, height, x, y))

# 设置控件

# 设置标签
root.device_ip_label = Label(root, text="全脸采集设备 IP：", height=2,
width=15)
# 定位标签
root.device_ip_label.grid(row=0, column=0)

# 设置文本框
root.device_ip = Text(root, width=50, height=2)
# 定位文本框
root.device_ip.grid(row=0, column=1)

root.id_number_label = Label(root, text="身份证号/学号:", height=2,width=15)
root.id_number_label.grid(row=1, column=0)

root.id_number = Text(root, width=50, height=2)
root.id_number.grid(row=1, column=1)
```

```
root.result_data_label = Label(root, text="姓名: \n 采集时间: \n 设备编号: ",
height=3, width=13, anchor='e', justify='right')
    root.result_data_label.grid(row=2, column=0)

    root.result_data = Label(root, width=50, height=3, anchor='w', justify=LEFT)
    root.result_data.grid(row=2, column=1)

    # 设置按钮
    root.get_data = Button(root, text="查询 3D 数据", bg="#ABA5A5", width=10,
                                command=controller.get_data)
    # 定位按钮
    root.get_data.grid(row=0, column=2, padx=10, pady=10)
    root.delete_data = Button(root, text="删除 3D 数据", bg="#ABA5A5", width=10,
                        command=controller.delete_data, state=DISABLED)
    root.delete_data.grid(row=1, column=2, padx=10, pady=10)
    root.download_data = Button(root, text="下载 3D 数据", bg="#ABA5A5", width=10,
                        state=DISABLED, command=controller.download_file)
    root.download_data.grid(row=2, column=2, padx=10, pady=5)

    # 标签
    root.unzip_file_name_label = Label(root, text="解压文件名: ", height=2,
width=10)
    root.unzip_file_name_label.grid(row=3, column=0)

    # 文本框
    root.unzip_file_name = Text(root, width=38, height=2)
    root.unzip_file_name.grid(row=3, column=1, sticky='w')
    root.select_file = Button(root, text="选择...", bg="#ABA5A5", width=10,
command=controller.unzip_file_chooser)
    root.select_file.grid(row=3, column=1, sticky='e')
    root.unzip_file = Button(root, text="解压 3D 数据", bg="#ABA5A5", width=10,
anchor='w', command=controller.unzip_file)
    root.unzip_file.grid(row=3, column=2)

    # 标签
    root.unzip_file_name_label = Label(root, text="3D 文件名: ", height=2,
width=10)
    root.unzip_file_name_label.grid(row=4, column=0)
    # 文本框
    root.three_d_file_name = Text(root, width=38, height=2)
    root.three_d_file_name.grid(row=4, column=1, sticky='w')
    root.select_3d_file = Button(root, text="选择...", bg="#ABA5A5", width=10,
```

```
                                command=controller.three_d_file_chooser)
    root.select_3d_file.grid(row=4, column=1, sticky='e')
    root.show_3d_file = Button(root, text="显示 3D 数据", bg="#ABA5A5", width=10,
anchor='w', command=controller.show_3d_file)
    root.show_3d_file.grid(row=4, column=2)

    root.photo_frame = Frame(root, width=660, height=400, relief=SUNKEN, bd=5)
    root.photo_frame.grid(row=5, column=0, columnspan=3)

    root.mainloop()
```

工作实施

1. 根据任务书提供的信息，完成"人脸图像数据采集与管理"功能模块详细设计文档的编写。

2. 通过 Python 编程完成"人脸图像数据采集与管理"功能模块的开发。

3. 部署运行"人脸图像数据采集质量检查与入库管理"功能模块，检查软件运行效果，如果发现采集的人脸图像数据质量有问题，则删除后重新采集并检查，直至质量合格为止。

评价反馈

表 4-10　学生自评表

序号	评价项目	评价标准	分值	得分
	学习情境 4.2　实现人脸数据采集与管理功能模块			
1	掌握软件详细设计基本概念	能够结合开发任务要求正确完成软件详细设计工作，整理提交模块开发卷宗	10	
2	具备编写软件详细设计文档的能力	能够根据指定的文档模板，整理提交模块开发卷宗	10	
3	正确掌握人脸采集设备 SDK 使用方法	能够根据人脸采集设备 SDK，通过 Python 编程实现设备连接，并根据人员 ID 将采集设备上存放的人脸图像采集数据下载至客户端保存	40	
4	具备用户界面开发能力	能够根据事先设计好的界面布局，通过 Python 编程完成用户界面开发	30	
5	具备团队合作意识能够认真履行自己的职责	能够根据小组分工，及时完成自己承担的程序开发任务	10	
	合计		100	

表 4-11 学生互评表

序号	评价项目	分值	等级				评价对象			
			优	良	中	差	1	2	3	4
1	能够结合开发任务要求正确完成软件详细设计工作，整理提交模块开发卷宗	10	10	8	6	4				
2	能够根据指定的文档模板，整理提交模块开发卷宗	10	10	8	6	4				
3	能够根据人脸采集设备 SDK 提供的二次开发接口，通过 Python 编程实现设备连接，并根据人员 ID 将采集设备上存放的人脸图像采集数据下载至客户端保存	40	40	32	24	16				
4	能够根据事先设计好的界面布局，通过 Python 编程完成用户界面开发	30	30	24	18	12				
5	能够根据小组分工，及时完成自己承担的程序开发任务	10	10	8	6	4				
	合计	100								

学习情境 4.2 实现人脸数据采集与管理功能模块（表格标题行）

表 4-12 教师评价表

学习情境 4.2 实现人脸数据采集与管理功能模块

序号	评价项目		评价标准	分值	得分
1	考勤（20%）		无无故迟到、早退、旷课现象	20	
2	工作过程（40%）	准备工作	能够认真阅读人脸图像采集设备 SDK 使用说明，正确理解各种接口的作用和具体使用方法	10	
		工具使用	能够使用人脸图像采集设备 SDK 编程实现人脸采集的查询、下载和保存	10	
		工作态度	能够按要求及时完成上述程序开发工作	10	
		工作方法	遇到问题能够及时与同学和教师沟通交流	10	
3	工作结果（40%）	软件详细设计文档	提交的模块开发卷宗关键内容完整	5	
			提交的模块开发卷宗关键内容正确	5	
		用户界面开发	能够通过 Python 编程实现事先设计好的界面布局	5	
			能够通过 Python 编程实现规定的界面交互功能	5	
		程序质量	代码编写规范风格一致	5	
			代码注释清楚到位	5	
		工作结果展示	能够准确表达、汇报工作成果	10	
		合计		100	

拓展思考

请下载安装 PyQt5，并对上述案例中的用户界面进行编程实现。

学习情境 4.3　实现人脸识别功能模块

学习情境描述

动态人脸识别服务器是一种高性能人脸识别服务引擎，它能够基于事先建立的三维人脸注册数据库，通过动态人脸识别算法，对视频画面中出现的人脸进行实时检测、比对和快速识别。

学习情境 4.3
微课视频

在实际应用的人脸识别系统中，为了进行人脸识别首先要通过构建三维人脸注册数据库设定好需要辨识的目标人群；其次，要将动态含有目标人群人脸信息的数据源（如监控视频、抓拍到的人脸图片）正确地接入动态人脸识别服务器进行处理分析；最后，要能够将动态人脸识别服务器生成的人脸识别结果及时输出或保存，以便支撑各种基于人脸识别结果的业务应用（如目标人员出现告警、目标人员轨迹跟踪、目标人员门禁管理等）。

本节我们将学习如何基于动态人脸识别服务器 SDK 实现人脸注册、人脸识别结果实时接收与展示、人脸识别结果保存管理等功能。

学习目标

1. 能够结合开发任务要求正确完成软件详细设计工作，整理提交模块开发卷宗。

2. 能够基于动态人脸识别服务器 SDK，通过 Python 编程实现人脸注册及人脸识别结果实时接收与展示功能模块。

3. 能够通过 Python 编程实现将从动态人脸识别服务器上接收到的人脸识别结果传至应用服务器上进行保存管理的功能。

4. 能够通过小组合作的方式，完成人脸注册与识别结果管理功能模块的开发。

任　务　书

根据"园区快递员管理系统"软件需求分析和概要设计报告，我们知道该软件由"人脸采集与注册""前端设备管理""快递人员出入管理"三个子系统组成，而"人脸采集与注册"子系统包含"人脸图像数据采集与管理"和"人脸注册与识别结果管理"两个功能模块，其中"人脸注册与识别结果管理"功能模块可让用户使用采集好的快递员三维人脸图像完成三维人脸注册数据库的建立，并查看系统的人脸识别结果。

请你根据表 4-13 所示的有关"人脸注册与识别结果管理"功能模块的描述，对该功能模块进行详细设计并编码实现。

表 4-13　模块功能概述

模块名称	功能概述
人脸注册与识别结果管理	基于合格的人脸图像采集数据完成指定人员的三维人脸信息注册，并可查询注册结果；实时接收与展示动态人脸识别服务器生成的人脸识别结果；将接收到的指定人员的人脸识别结果上传至数据库服务器进行保存

获取信息

引导问题 1：通过动态人脸识别服务器 SDK 使用手册了解各种人脸识别服务接口的具体使用方法。

（1）在访问该动态人脸识别服务器提供的 API 时约定采用何种接口通信协议？

_____

_____

（2）支持的接口请求方式有哪几种？

_____

_____

（3）提供的接口响应方式有哪几种？

_____

_____

（4）接口中的数据一般都采用什么格式进行传输交换？

_____

_____

引导问题 2：根据动态人脸识别服务器 SDK 使用手册掌握注册接口的使用。

简述要通过注册接口完成指定人员的人脸注册，需要依次完成哪些工作？并画出工作流程图。

_____

_____

引导问题 3：根据动态人脸识别服务器 SDK 使用手册掌握识别服务接口的使用。

认真阅读动态人脸识别服务器 SDK 使用手册，简述要通过识别服务接口接收到指定人员的人脸识别结果，需要依次完成哪些工作？并画出工作流程图。

_____

_____

引导问题 4：梳理指定功能模块的编程工作内容。

请根据任务书提供的"人脸注册与识别结果管理"功能模块程序执行流程（见图 4-11），列出开发该模块需要完成的编程工作内容。

_____

_____

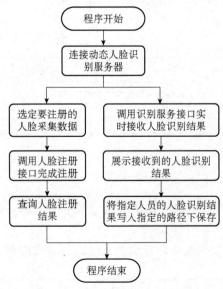

图 4-11　"人脸注册与识别结果管理"功能模块程序执行流程

工作计划

1. 制定工作方案

表 4-14　工作方案

序号	工作任务	任务概述
1	用户界面开发	
2		
3		
4		
5	数据库操作	

2. 确定人员分工

表 4-15　人员分工

序号	人员姓名	工作任务	备注
1		用户界面开发	
2		数据库开发	
3			
4			

知识准备

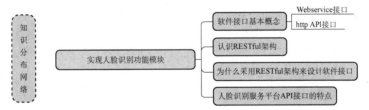

图 4-12　知识分布网络

4.3.1　软件接口基本概念

软件接口是一组定义、程序及协议的集合，通过它可以实现计算机软件之间的相互通信和信息交互。所以，软件接口的主要功能就是提供通用功能集。程序员通过使用软件接口开发应用程序，可以避免编写无用程序，从而大大减轻编程任务工作负荷。软件接口同时也是一种中间件，为各种不同平台提供数据共享。软件接口有程序内部接口和系统对外接口之分，通常可分为 Webservice 接口和 http API 接口两种类型。

1. WebService 接口

采用 soap 协议，通过 http 传输，请求报文和返回报文都是 xml 格式的。

2. http API 接口

采用 http 协议，通过路径（URL）来区分调用的服务（或方法），请求报文一般是 key-value 形式或 json 对象，返回报文一般都是 json 对象，有 GET、POST、DELETE、PUT 等多种请求方法。

现在，大部分支持面向互联网应用的开放平台基本上都采用符合 RESTful 架构规范的 http API 接口对外提供各种定制化服务。

在线测试 4.3.1

4.3.2 认识 RESTful 架构

如果一个软件架构符合 REST 的约束条件和原则，我们就称它为 RESTful 架构。

REST（Representational State Transfer，表述性状态转移），是一组架构约束条件和原则，由 http 规范的主要编写者之一 Roy Fielding 于 2000 年提出，其目的是想在符合架构原理的前提下，通过理解和评估以网络为基础的应用软件的架构设计需求，定义并运用一组架构约束条件和原则，最终得到一个功能强、性能好、适宜通信的软件架构。

在 REST 的全称"表述性状态转移"中，要"表述"的对象其实指的就是资源（resource）。在网络上，任何事物只要有被引用到的必要，它就可以被抽象为一个资源。这种资源可以是实体（如人员 ID、人脸识别结果记录），也可以只是一个抽象概念（如客户电话号码的价值）。资源是 Web 架构的核心，对其的基本操作包括识别（identify）、 表示（represent）和交互（interact with），由此就引出：①通过 URI（统一资源标识符）来识别资源；②使用合适的表述（如 html、xml、图片、视频等）来表示资源；③通过协议（如 http、ftp 等）与资源进行交互，这三个基本概念。

REST 架构原则可以简单地概括为一句话：使用 http 协议和 URI，利用 C/S 模式，对资源进行增删改查（Create/Read/Update/Delete）操作。

由此可见，REST 架构原则的核心是约定了所有的资源都应该通过与其对应的统一的接口来进行访问；所有的接口都包含有一组受限的预定义的操作；所有的接口应该使用标准的 http 方法，如 GET、PUT、DELETE 和 POST，并遵循这些方法的语义。

REST 描述了一种可用于构建互联系统（如 Web 应用程序）的架构样式，当 REST 约束条件作为一个整体应用时，将生成一个简单、可扩展、有效、安全、可靠的架构。由于它简便、轻量级及通过 http 直接传输数据的特性，采用 RESTful 架构的软件接口正在成为替代基于 SOAP 的 Webservice 接口的一个最有前途的方案。

软件公司在为自己的软件系统或平台建立 API 时都会遵守一个统一的规则/风格，其目的是要确保开发的接口通用，同时也方便接口调用者准确理解接口的作用。

在线测试 4.3.2

4.3.3 为什么采用 RESTful 架构来设计软件接口

之所以要使用 REST 规则/风格来进行软件接口开发，主要是因为它具有以下优点。

（1）客户端服务器分离。它支持 C/S 软件架构模式，这样便于通过组织不同的专业团队分别专注于服务器和客户端的应用程序开发，以确保开发效率和质量。

（2）无状态（Stateless）。它要求客户端的每个请求要包含服务器所需要的所有信息，这就使得接口程序的内部结构非常简单，只需考虑如何将每个请求处理好就行了。这不仅提高了接口程序在运行时的可靠性，使其更容易从局部故障中修复，同时也降低了接口程序运行时对服务器资源的占用。

（3）缓存（Cachable）。它要求服务器返回信息必须标记是否可以缓存，如果缓存，客户端可能会重用之前的信息发送请求，这样可以减少交互次数，减少交互的平均延迟。

（4）分层系统（Layered System）。由于封装了服务，并引入了中间层，系统组件不需要知道与其他交流组件之外的事情，这有利于降低系统的复杂性，确保系统的可扩展性。

（5）统一接口（Uniform Interface）。由于采用统一的软件架构，不同的组件在通过接口进行交互时过程的可见性得到提高，方便单独改善组件。

（6）支持按需代码（Code-On-Demand），可选，有利于提高系统的可扩展性。

基于 REST 架构原则构建的 API 就是符合 RESTful 规范的 API，表 4-16 就是一个采用 RESTful 架构设计的人脸识别服务平台对外接口说明的示例。

在线测试 4.3.3

表 4-16　采用 RESTful 架构设计的人脸识别服务平台对外接口说明

接口名称	人脸比对同步接口				
服务名	API/FaceRec/Recognize				
接口描述	该接口用于同步方式调用人脸比对				
URL 样例	http://ip:port/Api/FaceRec/Recognize				
是否需要令牌	是				
请求方式	POST				
请求协议形式	JSON 对象				
请求协议	名称	类型	必填	默认值	描述
	user_id	String	否	无	身份证号码； 当该字段为空时，接口服务将对 imgList 里的图片进行比对；当该字段不为空时，接口服务将 imgList 里的图片与库中 user_id 的人员的注册图进行比对
	imgList	string	是	无	需要比对的图片 base64； 当 user_id 字段为空时，比对图片数量不得少于 2；当大于 2 时，系统以第一张图片分别跟后面的每个图片进行比对，图片 base64 列表总大小不超过 4MB

	样例协议	POST
		http://ip:port/Api/FaceRec/Recognize
		
		{
		"user_id": "",
		"imgList": [
		"base64",
		"base64",
		]
		}			

（续表）

响应协议形式	JSON 对象			

响应协议	名称	类型	必填	默认值	描述
	success	bool	是	无	本次请求是否成功
	code	string	是	无	响应码
	msg	string	是	无	响应描述
	count	int	是	无	响应结果中的元素数量
	next	string	否	无	下一页地址
	previous	string	否	无	上一页地址
	result	json 数组	是	无	响应结果，第一张与后面的图片的相似度

	样例协议	`{`
		`"success": true,`
		`"code": "0000",`
		`"msg": "成功",`
		`"count": 1,`
		`"next": "",`
		`"previous": "",`
		`"result": [`
		`0.7476841`
		`]`
		`}`

响应码	

4.3.4　人脸识别服务平台 API 接口的特点

人脸识别服务平台专注于人脸识别算法的运行和识别结果的生成与输出，为了响应用户的识别服务请求，或方便用户基于人脸识别平台开发运行自己的应用软件，通常都会对外提供人脸注册服务、视频监控设备接入管理、人脸识别服务、人脸识别结果查询与接收等接口。由于这些软件接口基本上都采用 RESTful 架构，故人脸识别服务平台 API 接口具有以下共同特点。

1. 常用的接口通信协议是 http 或 https

基于 http 协议的接口具有轻量、跨平台和跨语言等特点，为了适应各种不同的应用开发者，凡是开放性平台都会提供基于各种常用编程语言的接口形式，因此基本上都采用 http 或 https 协议。通常，支持视觉应用的开放性平台采用的是 https 协议，这不仅是因为图像数据本身包含的信息很丰富，而且还涉及个人隐私（如人脸），采用 https 有利于保护用户隐私信息。

https 是 http 的加密版，可以将用户向服务端提交的请求信息进行加密，避免因明文传输被截获而泄漏用户信息。

2. 常用的接口请求方式有 GET、POST、PUT、DELETE 等

接口请求方式代表着具体的操作和数据传输方式，在 Web 应用的 form 中有 GET、

POST 两种，而在 http 中则有以下几种。

- GET（读取）：从服务器上获取一个具体的资源或一个资源列表。
- POST（创建）：在服务器上创建一个新的资源。
- PUT（更新）：以整体的方式更新服务器上的一个资源。
- PATCH（更新）：只更新服务器上一个资源的一个属性。
- DELETE（删除）：删除服务器上的一个资源。

了解接口的请求方式有助于了解客户端和服务器间的交互方式。基于 http 协议的常用请求方式是 POST 和 GET，两者的主要区别在于：①GET 请求方式是将请求参数放到 URL 中，POST 是将参数放到 requst body 中，因此 GET 的请求参数存在长度限制，POST 则无限制；②由于 GET 将参数放到 URL 中，因此其安全性要弱于 POST；③使用 GET 请求方式时，客户端和服务器只产生一次交互，而在 POST 请求方式中客户端会和服务器产生两次交互。

目前，百度、腾讯、旷视的图像识别接口均采用 POST 请求方式。

3. 接口的数据一般都采用 JSON 格式进行传输

JSON 的值包括以下六种数据类型。

- Number：整数或浮点数。
- String：字符串。
- Boolean：true 或 false。
- Array：数组，包含在方括号[]中。
- Object：对象，包含在大括号{}中。
- Null：空类型。

4. 接口的响应机制包括同步和异步两种

所谓"同步接口"就是在收到调用方请求后要实时返回消息给调用方，而"异步接口"就是可以延迟返回消息给调用方。

对实时性要求高且只能在线运行的业务应该采用同步接口，其他的则可以优先使用异步接口。

有时，由于应用场景不同，同样的服务接口会被要求采用不同的响应机制。例如，人脸识别服务平台都会对外提供人脸注册服务接口，在刷脸支付场景下，需要移动支付端先采集人脸图像发给后台，而后台会调用人脸注册服务接口将当前人脸注册进人脸注册数据库并和该移动支付端账号信息绑定，此时调用的人脸注册服务接口通常是同步接口，因为不能要求用户在移动支付端前等待太久，需要及时返回注册成功信息；而在商超使用人脸识别进行客流统计分析的场景下，需要将首次识别的陌生人脸注册进陌生人脸数据库，这里的人脸注册服务接口一般为异步接口，因为大型商超每天有数万客流，且对于识别发现的陌生人不需要实时注册，只要能够在当天进入注册数据库后供第二天进行分析使用即可。

5. 接口响应时返回的数据结构

```
{
        "success": true,
```

```
        "code": "0000",
        "msg": "成功",
        "count": 1,
        "next": "",
        "previous": "",
        "result": {
         key1: value1,
         key2: value2,
         ...
         }
    }
```

- code：响应码，0000 表示成功，非 0000 表示各种不同的错误。
- msg：描述信息，成功时为"成功"，错误时则是错误信息。
- result：成功时返回的数据，类型为对象或数组。

合理的响应码设计可以帮助开发人员准确判别接口调用过程出现的各种错误，并采取应对措施进行纠正。因此在设计响应码时，首先要使开发人员能够准确定位错误是发生在何处，例如，以"1"开头的响应码表示错误与识别服务调用有关，以"2"开头的响应码表示错误与数据库操作有关，以"3"开头的响应码表示错误与缓存操作有关等；然后再对每类响应码的内涵逐个进行详细定义。表 4-17 是一个人脸识别服务器的接口调用响应码示例。

表 4-17　人脸识别服务器的接口调用响应码示例

响 应 码	说　　明
0000	成功
1000	发送数据至识别服务异常
1001	发送数据至识别服务与本地数据不一致
1002	识别服务发送的数据为空
1003	识别服务发送的数据无法识别
1004	识别服务发送的数据无有效结果
2000	数据库插入数据失败
2001	数据库中存在重复数据
2100	数据库删除数据失败
2200	数据库更新数据失败
2300	数据库无此记录
3000	缓存数据写入失败
3001	缓存数据不存在
3002	缓存数据删除失败
3003	缓存数据批量操作失败
3004	缓存数据不存在设备列表
9999	失败，系统错误

错误信息的主要用途是在应用软件运行时作为错误提示展示给用户看，以便用户对错误的操作进行纠正。同时，错误信息也可供客户端开发人员在软件集成测试时发现客户端程序中存在的 bug。

result 字段只在请求成功时才会有数据返回。

6. 用户身份验证多采用 token 方式

由于采用 RESTful 架构的软件接口在运行过程中，客户端与服务器的交互请求是无状态的，因此当涉及用户状态时，每次请求就必须带上身份验证信息。在实际应用中，大部分接口采用的都是 token 认证方式，其实现流程一般如下。

● 用户用密码登录成功后，服务器返回 token 给客户端。
● 客户端将 token 保存在本地，在发起后续相关请求时，将 token 发回给服务器。
● 服务器检查 token 的有效性，有效则返回数据。若无效，分两种

情况：
　　◇ 若 token 错误，这时需要用户重新登录，获取正确的 token。
　　◇ 若 token 过期，这时客户端需要再发起一次认证请求，获取

新的 token。

在线测试 4.3.4

相关案例

利用动态识别服务器 SDK 完成"人脸注册"和"人脸识别结果接收与展示"功能模块的开发。

1. "人脸注册"功能模块程序执行流程（见图 4-13）

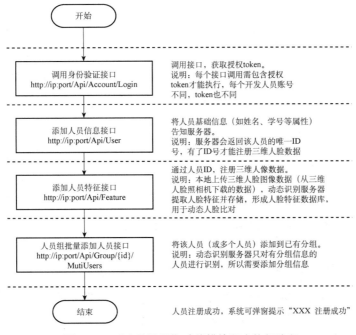

图 4-13　"人脸注册"功能模块程序执行流程

用户操作界面如图 4-14 所示。

图 4-14　"人脸注册"功能模块用户操作界面

"人脸注册"功能模块代码示例如下。

```python
from tkinter import *
from tkinter import ttk

from file_receiver.controller import FileReceiverController, message_box,
stop, user_info
from file_receiver.view.register import Register

def open_register():
    Register().show()

root = Tk()

controller = FileReceiverController(root)

screenwidth = root.winfo_screenwidth()
screenheight = root.winfo_screenheight()
width = 500
height = 280
x = int((screenwidth - width) / 2)
y = int((screenheight - height) / 2)
root.title("三维人脸注册与识别结果接收显示 Demo")
root.geometry('{}x{}+{}+{}'.format(width, height, x, y))

root.three_d_file_path_label = Label(root, text="3D 文件路径: ", height=2,
width=10)
```

```
root.three_d_file_path_label.grid(row=0, column=3)

root.three_d_file_path = Text(root, width=20, height=2)

root.three_d_file_path.grid(row=0, column=4, sticky='w')


root.select_3d_file_path = Button(root, text="路径选择", bg="#ABA5A5",
width=10,command=controller.three_d_file_folder_chooser)

root.select_3d_file_path.grid(row=0, column=5)


root.register_3d_data = Button(root, text="注 册 3D 数 据", bg="#ABA5A5",
width=10,command=open_register)

root.register_3d_data.grid(row=0, column=6)


root.start_listener = Button(root, text="开启数据\n 接收功能", bg="#ABA5A5",
width=10,height=2)

root.start_listener.grid(row=0, column=7)

root.stop_listener = Button(root, text="停止数据\n 接收功能", bg="#ABA5A5",
width=10,height=2)


columns = ('报告时间', '人员 ID', '人员姓名')

root.report = ttk.Treeview(root, show='headings')


root.report['columns'] = columns

root.report.column('报告时间', width=140)

root.report.column('人员 ID', width=140)

root.report.column('人员姓名', width=210)

root.report.heading('报告时间', text='报告时间', anchor='w')

root.report.heading('人员 ID', text='人员 ID', anchor='w')

root.report.heading('人员姓名', text='人员姓名', anchor='w')

root.report.grid(row=1, column=3, columnspan=5, rowspan=3)


root.protocol("WM_DELETE_WINDOW", controller.kill)


root.mainloop()
```

2. "人脸识别结果接收与展示"功能模块程序执行流程（见图 4-15）

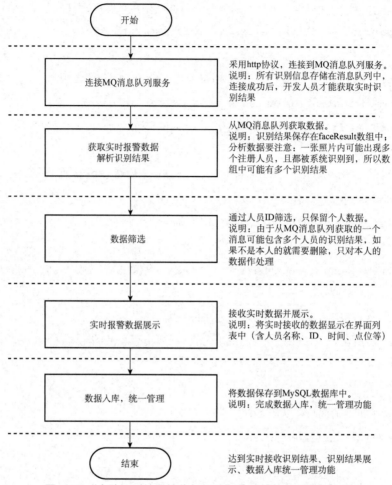

图 4-15 "人脸识别结果接收与展示"功能模块程序执行流程

用户操作界面如图 4-16 所示。

人员ID	510001200111214010	开启数据接收功能	
报警时间	人员姓名	报警地点	人员ID
2021-11-18...	张三	摄像头1	510001200111214010
2021-11-18...	张三	摄像头1	510001200111214010
2021-11-18...	张三	摄像头1	510001200111214010

图 4-16 "人脸识别结果接收与展示"功能模块用户操作界面

"人脸识别结果接收与展示"功能模块代码示例如下。

```
from tkinter import *
from tkinter import ttk


from file_receiver.controller import FileReceiverController, message_box,
stop, user_info
```

```
    student_id = ""


    def input_id():
        app = MyCollectApp()
        app.mainloop()


    def stop_receive():
        if stop():
            root.start_listener.grid(row=0, column=7)
            root.stop_listener.grid_forget()
            message_box(0, '停止成功')


    class MyCollectApp(Toplevel):  # 重点
        def __init__(self):
            super().__init__()  # 重点
            self.xls_text = StringVar()
            self.title('用户信息')
            w = 245
            h = 80
            self.geometry('{}x{}+{}+{}'.format(w, h, x + 120, y + 70))
            self.setup()


        def setup(self):
            row1 = Frame(self)
            row1.pack(fill="x")
            l1 = Label(row1, text="输入接收人员 ID: ", height=2)
            l1.grid(row=0, column=0) # 这里的 side 可以赋值为 LEFT  RTGHT  TOP  BOTTOM
            Entry(row1, textvariable=self.xls_text).grid(row=0, column=1)


            row2 = Frame(self)
            row2.pack(fill="x")
            Button(row2, text=" 点击确认 ", width=34, command=self.on_click).
grid(row=1, column=1, columnspan=2, sticky='w')


        def on_click(self):
            # print(self.xls_text.get().lstrip())
            global student_id
            student_id = self.xls_text.get().lstrip()
            if len(student_id) == 0:
                # print("用户名必须输入!")
                message_box(2, '请输入人员 ID')
```

```
                return False
        self.quit()
        self.destroy()
        user_info(student_id, root.report)
        root.start_listener.grid_forget()
        root.stop_listener.grid(row=0, column=7)
        message_box(0, '开始接收人员 ID ' + student_id + ' 的抓拍信息')


root = Tk()

controller = FileReceiverController(root)

screenwidth = root.winfo_screenwidth()
screenheight = root.winfo_screenheight()
width = 500
height = 280
x = int((screenwidth - width) / 2)
y = int((screenheight - height) / 2)
root.title("三维人脸注册与识别结果接收显示 Demo")
root.geometry('{}x{}+{}+{}'.format(width, height, x, y))

root.three_d_file_path_label = Label(root, text="3D 文件路径：", height=2,
width=10)
root.three_d_file_path_label.grid(row=0, column=3)
root.three_d_file_path = Text(root, width=20, height=2)
root.three_d_file_path.grid(row=0, column=4, sticky='w')

root.select_3d_file_path = Button(root, text="路径选择", bg="#ABA5A5",
width=10,command=controller.three_d_file_folder_chooser)
root.select_3d_file_path.grid(row=0, column=5)

root.register_3d_data = Button(root, text="注 册 3D 数 据", bg="#ABA5A5",
width=10)
root.register_3d_data.grid(row=0, column=6)

root.start_listener = Button(root, text="开启数据\n 接收功能", bg="#ABA5A5",
width=10,height=2, command=input_id)
root.start_listener.grid(row=0, column=7)
root.stop_listener = Button(root, text="停止数据\n 接收功能", bg="#ABA5A5",
width=10,height=2, command=stop_receive)
```

```
columns = ('报告时间', '人员ID', '人员姓名')
root.report = ttk.Treeview(root, show='headings')

root.report['columns'] = columns
root.report.column('报告时间', width=140)
root.report.column('人员ID', width=140)
root.report.column('人员姓名', width=210)
root.report.heading('报告时间', text='报告时间', anchor='w')
root.report.heading('人员ID', text='人员ID', anchor='w')
root.report.heading('人员姓名', text='人员姓名', anchor='w')
root.report.grid(row=1, column=3, columnspan=5, rowspan=3)

root.protocol("WM_DELETE_WINDOW", controller.kill)

root.mainloop()
```

工作实施

1. 根据任务书提供的信息，完成"人脸注册与识别结果管理"功能模块详细设计文档编写。

2. 通过 Python 编程完成"人脸注册与识别结果管理"功能模块开发。

3. 部署运行"人脸注册与识别结果管理"功能模块，详细记录人脸识别效果，供日后分析问题并进行软件改进使用。

评价反馈

表 4-18　学生自评表

序号	评价项目	评价标准	分值	得分
学习情境4.3　实现人脸识别功能模块				
1	掌握软件接口的基本概念	能够正确阐述软件接口的作用和一般工作原理	10	
2	了解 RESTful 架构的内涵	能够说出符合 RESTful 架构风格的软件接口所具备的一些特点	10	
3	正确掌握人脸识别服务器 SDK 使用方法	能够基于动态人脸识别服务器 SDK，通过 Python 编程实现人脸注册及人脸识别结果实时接收展示功能模块	40	
4	具备用户界面开发能力	能够根据事先设计好的界面布局，通过 Python 编程实现用户界面的开发	30	
5	具备团队合作意识能够认真履行自己的职责	能够根据小组分工，及时完成自己承担的程序开发任务	10	
	合计		100	

表 4-19　学生互评表

序号	评价项目	分值	等级				评价对象			
	学习情境 4.3　实现人脸识别功能模块		优	良	中	差	1	2	3	4
1	能够正确阐述软件接口的作用和一般工作原理	10	10	8	6	4				
2	能够说出符合 RESTful 架构风格的软件接口所具备的一些特点	10	10	8	6	4				
3	能够基于动态人脸识别服务器 SDK，通过 Python 编程实现人脸注册及人脸识别结果实时接收展示功能模块	40	40	32	24	16				
4	能够根据事先设计好的界面布局，通过 Python 编程实现用户界面的开发	30	30	24	18	12				
5	能够根据小组分工，及时完成自己承担的程序开发任务	10	10	8	6	4				
	合计	100								

表 4-20　教师评价表

序号	评价项目		评价标准	分值	得分
	学习情境 4.3　实现人脸识别功能模块				
1	考勤（20%）		无无故迟到、早退、旷课现象	20	
2	工作过程（40%）	准备工作	能够认真阅读动态人脸识别服务器 SDK 使用说明，正确理解各种接口的作用和具体使用方法	10	
		工具使用	能够使用动态人脸识别服务器 SDK+Python 编程，实现人脸注册及人脸识别结果实时接收展示功能	10	
		工作态度	能够按要求及时完成上述程序开发工作	10	
		工作方法	遇到问题能够及时与同学和教师沟通交流	10	
3	工作结果（40%）	软件详细设计文档	提交的模块开发卷宗关键内容完整	5	
			提交的模块开发卷宗关键内容正确	5	
		用户界面开发	能够通过 Python 编程实现事先设计好的界面布局	5	
			能够通过 Python 编程实现规定的界面交互功能	5	
		程序质量	代码编写规范风格一致	5	
			代码注释清楚到位	5	
		工作结果展示	能够准确表达、汇报工作成果	10	
	合计			100	

拓展思考

1. 什么是 Webservice？

2. Webservice 接口适用于何种应用场景？

3. Webservice 接口与 Web API 的区别是什么？

单元5　智能图像识别系统集成与部署

　　所谓系统集成，就是通过结构化综合布线系统和计算机网络技术，将各个分离的设备（如 PC、服务器、移动终端等）、功能和信息等集成到相互关联的、统一和协调的系统之中，使资源达到充分共享，并实现集中、高效、便利的管理。

　　在智能图像识别系统建设过程中，系统集成工作是开发阶段结束前的最后一项工作。此时，项目开发团队需要将分组开发的软件按照概要设计要求，组装成可在客户端或服务器上独立部署的子系统，将不同的硬件设备连接起来搭建一个模拟用户现场的运行环境，通过运行集成测试方案，来验证已经开发好的软件是否可以在这个模拟环境中正常运行、各种设备是否能够平稳正常运行、系统的各项软硬件功能是否符合系统设计要求。其中，将分组开发的软件组装成可独立运行且协同工作的子系统的过程称为"软件集成"；将不同的硬件设备连接起来以验证它们之间能够相互通信、协同工作并实现要求的数据采集、传输、接收和保存管理功能的过程称为"硬件设备集成"。

　　系统集成工作的目的主要是：在进入用户现场进行系统部署前，通过集成测试，确认系统的各个组成部分可以连接为一个整体，并以协同工作的方式实现用户需要的全部功能。系统集成的主要工作内容包括软件集成、硬件设备集成和系统联合调试。

　　所谓"系统部署"就是在用户现场进行系统各个组成部分的安装调试，以便系统能够在用户环境中运行起来。系统部署的主要工作包括：①在用户现场将分散在不同地点的前后端设备连接起来，完成设备参数配置，使它们之间可以相互通信；②对部署在前后端设备上的各种应用软件做好参数配置，确保它们之间能够互联互通，协同工作；③通过实施系统测试，验证和确认系统的各个组成部分工作正常，且系统的各项功能、性能指标满足系统建设要求。

　　因此，系统部署工作的目的就是：确保系统能够在用户环境中正常运行，且运行状态符合系统建设要求。

　　本单元我们将通过三个学习情境，分别学习和掌握智能图像识别系统集成相关的知识与技能。本单元的教学导航如图 5-1 所示。

知识重点	1.系统集成的目的和内容 2.软件集成的目的、工作流程和主要方法 3.硬件设备集成的目的、工作流程和主要方法 4.集成工作方案的作用与主要内容 5.集成测试 6.集成测试报告的作用与主要内容 7.系统部署的目的、工作内容和工作流程 8.系统部署方案的作用与主要内容 9.系统测试 10.系统测试运行
知识难点	1.不同软件集成方法的适用场景 2.制定合理的系统集成工作方案
推荐教学方法	从系统集成与部署的基本概念入手，先引导学生区分这两项工作的不同目的，再认真学习这两项工作的具体内容、方法和流程，最后通过动手编写相应的工作方案，掌握智能图像识别系统集成与部署工作的组织与实施过程
建议学时	8学时
推荐学习方法	首先要区分系统集成和系统部署的工作目的，其次要注意系统集成的工作范围，包括软件集成和硬件集成，掌握实施这两种集成的具体方法和工作流程是学习的重点；最后要注意，系统部署是在用户业务环境中开展的工作，工作内容繁杂，没有一个适用的部署工作方案作指引，部署工作效率和效果都是无法保证的
必须掌握的理论知识	1.系统集成的目的和内容 2.系统部署的目的、工作内容和工作流程
必须掌握的技能	1.编写集成工作方案 2.编写集成测试报告 3.编写系统部署方案

教学导航

图 5-1　教学导航

学习情境 5.1　人脸识别应用系统软件集成

学习情境 5.1
微课视频

学习情境描述

　　随着软件开发技术与项目管理技术的不断发展，基于团队合作的组件化开发已经成为当前大型行业应用软件开发的主流模式。通过软件概要设计，我们将一个软件系统拆解成许多子系统，再将各子系统拆解成多个功能独立但又相互关联的功能模块或组件，然后根据它们的前后端属性，分别安排给不同的小组进行同步开发。在开发阶段的后期，当各个小组都按时完成自己的开发任务后，我们就需要利用软件集成技术将不同小组完成的功能模块或组件按照设计要求组装成相应的子系统，以方便后续在用户现场开展部署工作。

　　因此，软件集成技术与应用也是软件开发人员需要学习和掌握的基本知识与职业技能。下面我们将带领大家利用界面集成方法完成这个软件集成任务。

学习目标

　　1. 了解软件集成的目的和主要方法。

2. 掌握软件集成具体工作流程。

3. 了解各种不同软件集成方法的适用场景。

4. 掌握通过 Python 编程完成界面集成任务的具体方法。

任 务 书

在单元 4 中我们分别完成了"园区快递员管理系统"应用软件中"人脸图像数据采集与管理"和"人脸注册与识别结果管理"这两个功能模块的开发任务，并且实现了这两个功能模块的独立运行，用户可通过这两个功能模块各自提供的用户界面，分别完成人脸采集数据接收、检查和本地保存，以及人脸注册、查看指定人员的人脸识别结果与保存等操作。

而在实际应用中，这两个功能模块的用户都是园区管理部人脸数据库管理员，而且人脸采集与人脸注册是建立园区快递员人脸数据库过程中两个相邻的工作环节，通常需要连续执行。因此，为了方便园区管理部人脸数据库管理员使用这两项功能，项目经理要求你以界面集成的方法将之前由不同小组开发的"人脸图像数据采集与管理"及"人脸注册与识别结果管理"两个功能模块集成为一个可统一运行的"人脸采集与注册"子系统。

你接到任务后，需要对实现界面集成的可选方法进行充分了解和详细分析，并在此基础上作出自己的决策，制定相应的工作方案，确保相关的集成工作能够顺利完成。

获取信息

引导问题 1：什么是软件集成？

（1）软件集成的工作目的是什么？

_____

_____

（2）如何实现软件集成，主要集成手段有哪些？

_____

_____

（3）软件集成的具体工作流程是怎样的？

_____

_____

（4）如何确认软件集成的目的已经达成？

_____

_____

引导问题 2：如何选用合适的软件集成方法完成软件集成任务？

（1）选择软件集成方法的依据是什么？

_____

_____

（2）在什么情况下应该采用数据集成方法实现软件集成？

_____

_____

引导问题3：什么是界面集成？

（1）什么情况下应该采用界面集成方法来实现软件集成？

_____

_____

（2）如何实现界面集成？

_____

_____

_____

工作计划

1. 制定工作方案

表 5-1　工作方案

步骤	工作内容
1	
2	
3	
4	
5	

2. 确定人员分工

表 5-2　人员分工

序号	人员姓名	工作任务	备注
1			
2			
3			
4			

知识准备

图 5-2　知识分布

5.1.1　软件集成

1. 软件集成的目的

软件集成是指为了方便软件部署与交付，使交付给用户的软件能够全面满足用户需求，通过采用合适的方法，将由多个开发商提供的不同软件系统关联起来，或是将由不同开发小组开发的同一软件的各部分组合在一起，使它们在一个统一的运行环境中可以互联互通，并按事先定义好的流程协同工作。

因此，针对应用程序的来源不同，软件集成的目的有两个：针对来自不同软件供应商提供的软件，软件集成的目的是确认它们可以在用户环境中互联互通，并以协同工作的方式实现用户想要的各种功能；针对开发商内部不同团队开发的软件组件或功能模块，软件集成的目的是将这些分散的组件以合适的方式组装成可正常运行且方便部署的整体。

2. 软件集成的工作内容及流程

软件集成的主要工作内容包括：组装、安装、配置、测试，如图 5-3 所示。

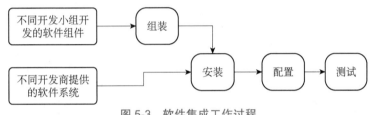

图 5-3　软件集成工作过程

组装：指将分别开发的软件组件/模块组装为一个统一的软件系统。

安装：指将软件安装到其运行的硬件设备中（如 PC、手机、智能终端设备、服务器等）。

配置：对软件进行运行参数配置，使不同的软件之间能够实现通信。

测试：实施软件集成测试，以验证软件能够正常运行。软件开发工作需要结合软件集成测试结果对发现的问题进行纠正，直至软件集成结果为通过为止。因此，是否能够通过软件集成测试，也是软件开发与集成工作可否结束的标志。

3. 常用的软件集成方法

常用的软件集成方法有界面集成、功能集成和数据集成。

（1）界面集成：也称表示集成，通过将不同软件的用户界面融合为一个统一的界面，来实现软件集成。界面集成是黑盒集成，无须了解需要集成的软件的内部程序与数据库构造，常用的方法是单一界面融合和界面级联跳转。

①单一界面融合：当需要被集成在一起的软件数量较少（如 2~3 个），且这些软件各自原有的界面相对简单、控件数量较少时，可使用一个新的界面将原有界面上的所有控件放入，来实现对这些软件全部功能的统一操作。

②界面级联跳转：当需要被集成在一起的软件数量较多（如 3 个以上），且它们各自原有的界面相对复杂、控件数量较多时，可通过构建一个新的顶层界面作为用户操作的统一入口，将需要被集成的软件各自原有界面保留作为与顶层界面建立级联关系的二级界面，当用户在顶层界面发起操作请求时，顶层界面只需判断该操作针对哪个软件并正确跳转至二级界面中该软件对应的界面即可，如图 5-4 所示。

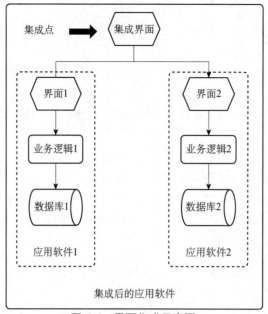

图 5-4　界面集成示意图

界面集成的适用场景：企业存在多个独立的软件系统，这些软件系统都有各自独立的登录认证界面，但这些软件系统的日常用户又是同一人员，且该用户在处理业务时需要在这些软件系统间频繁跳转。此时，为了方便用户一次登录认证即可在所有系统中通行，就需要通过界面集成的方式将这些独立的软件系统集成起来，以提高软件的易用性。

由此可见，界面集成是一种界面定制开发活动，其目的是利用软件用户界面的汇集和交互能力，将分散的应用整合为一个整体，以满足同一用户角色的操作使用需求，提高软件的易用性。

（2）功能集成：是指通过不同软件系统提供的对外接口，实现跨软件系统的功能调用，以此完成所需的业务逻辑或业务处理流程。功能集成也称控制集成或应用集成，集成点存在于相关软件的程序代码中，该段代码的作用是实现对其他软件系统公开的 API 进行访问，如图 5-5 所示。功能集成也是黑盒集成。

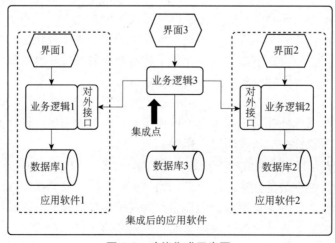

图 5-5　功能集成示意图

　　功能集成的适用场景：企业存在多个独立的软件系统，每个系统都占有比较重要的地位，各个系统可能由不同的开发商提供；系统之间需要进行信息交换和数据传递，企业的业务需要经过多个系统的处理才能完整地完成；有些情况下必须进行接口开发，因为某些功能不可能在一个系统中完整地实现，如网上支付接口的调用。

　　（3）数据集成：是指通过在运行环境中部署第三方数据访问中间件，或通过不同软件系统对外提供的数据访问接口，实现跨软件系统的数据交互，以此完成所需的业务逻辑或业务处理流程。数据集成是白盒集成，为了完成数据集成，必须首先对分布在不同软件系统中的数据进行标识并编成目录，然后确定元数据模型。数据集成的集成点为数据访问中间件或各软件系统对外提供的数据访问接口，如图 5-6 所示。

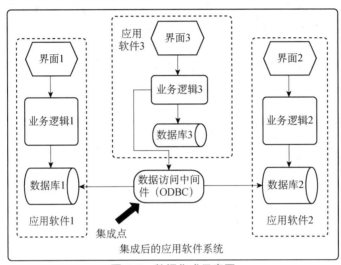

图 5-6　数据集成示意图

　　数据集成适用场景：由不同业务子系统产生的数据，在要求分别各自独立管理的前提下，还要供系统内其他业务子系统共享使用。

　　综上所述，不同的软件集成方法针对的是不同的应用场景需求和需要解决的问题。软件集成方法的选用通常在软件概要设计阶段就已经明确，并通过软件架构及接口说明来体现。所以，当软件开发工作进入到集成环节时，开发团队首先要再次认真阅读软件概要设计文档，只有这样才能制定正确的集成工作方案，确保软件集成工作顺利完成。

在线测试 5.1.1

5.1.2　软件集成测试

　　在将开发完成的软件单元按照软件概要设计的要求组装成模块、子系统或系统的过程中，通过对单元间的接口及集成后的功能进行测试，确认各单元组合在一起后是否能够按照既定意图协作运行，并达到或实现《软件概要设计说明书》要求的功能与性能指标。

　　软件集成测试是在软件单元测试的基础上进行的，集成测试中所使用的对象应该是已经经过单元测试的软件单元。如果软件单元未经过单元测试就用于软件集成，这样不仅会影响集成测试的效果，并且会大幅增加软件单元代码纠错的代价。

1. 集成测试目的

集成测试的目的：验证和确认通过单元测试的软件单元所构造的软件子系统或系统是否符合设计要求。

通过单元测试的软件模块虽然能够单独地工作，但并不能保证它们连接起来也能正常工作。程序在某些局部反映不出来的问题，有可能在全局上会暴露出来并影响系统功能的实现。因此，单元测试后，有必要进行集成测试，发现并排除在模块连接中可能发生的问题，最终构成要求的软件子系统或系统。

在线测试 5.1.2

2. 集成测试工作内容及流程

软件集成测试过程通常可划分为四个工作阶段：计划阶段、设计阶段、实现阶段、执行阶段，主要工作内容如图 5-7 所示。

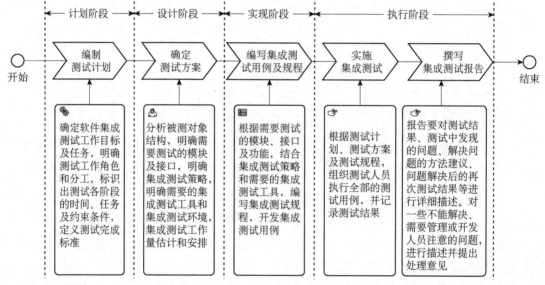

图 5-7　软件集成测试过程

相关案例

通过界面集成方法，将单元 4 学习情境 4.3 中"相关案例"中实现的"人脸注册"和"人脸识别结果接收与展示"两个功能模块集成为一个"人脸注册与识别管理"功能模块。"人脸注册与识别管理"功能模块的用户界面如图 5-8 所示。

"人脸注册与识别管理"功能模块代码示例如下。

图 5-8　"人脸注册与识别管理"功能模块用户界面

```python
from tkinter import *
from tkinter import ttk

from file_receiver.controller import FileReceiverController, message_box,
stop, user_info
from file_receiver.view.register import Register

def open_register():
    Register().show()


student_id = ""

def input_id():
    app = MyCollectApp()
    app.mainloop()

def stop_receive():
    if stop():
        root.start_listener.grid(row=0, column=7)
        root.stop_listener.grid_forget()
        message_box(0, '停止成功')

class MyCollectApp(Toplevel):  # 重点
    def __init__(self):
        super().__init__()  # 重点
        self.xls_text = StringVar()
        self.title('用户信息')
        w = 245
        h = 80
        self.geometry('{}x{}+{}+{}'.format(w, h, x + 120, y + 70))
        self.setup()

    def setup(self):
        row1 = Frame(self)
        row1.pack(fill="x")
        l1 = Label(row1, text="输入接收学生 ID: ", height=2)
        l1.grid(row=0, column=0) # 这里的 side 可以赋值为 LEFT  RTGHT TOP  BOTTOM
        Entry(row1, textvariable=self.xls_text).grid(row=0, column=1)

        row2 = Frame(self)
        row2.pack(fill="x")
        Button(row2, text=" 点击确认 ", width=34, command=self.on_click).
```

```
grid(row=1,column=1, columnspan=2, sticky='w')

    def on_click(self):
        # print(self.xls_text.get().lstrip())
        global student_id
        student_id = self.xls_text.get().lstrip()
        if len(student_id) == 0:
            # print("用户名必须输入!")
            message_box(2, '请输入学生 ID')
            return False
        self.quit()
        self.destroy()
        user_info(student_id, root.report)
        root.start_listener.grid_forget()
        root.stop_listener.grid(row=0, column=7)
        message_box(0, '开始接收学生 ID ' + student_id + ' 的抓拍信息')

root = Tk()

controller = FileReceiverController(root)

screenwidth = root.winfo_screenwidth()
screenheight = root.winfo_screenheight()
width = 500
height = 280
x = int((screenwidth - width) / 2)
y = int((screenheight - height) / 2)
root.title("AI 摄像机数据订阅与接收 Demo")
root.geometry('{}x{}+{}+{}'.format(width, height, x, y))

root.three_d_file_path_label = Label(root, text="3D 文件路径: ", height=2, width=10)
root.three_d_file_path_label.grid(row=0, column=3)
root.three_d_file_path = Text(root, width=20, height=2)
root.three_d_file_path.grid(row=0, column=4, sticky='w')

root.select_3d_file_path = Button(root, text="路径选择", bg="#ABA5A5", width=10,command=controller.three_d_file_folder_chooser)
root.select_3d_file_path.grid(row=0, column=5)

root.register_3d_data = Button(root, text="注册 3D 数据", bg="#ABA5A5", width=10,command=open_register)
```

```
root.register_3d_data.grid(row=0, column=6)

root.start_listener = Button(root, text="开启数据\n 接收功能", bg="#ABA5A5",
width=10,height=2, command=input_id)
    root.start_listener.grid(row=0, column=7)
    root.stop_listener = Button(root, text="停止数据\n 接收功能", bg="#ABA5A5",
width=10,
                                    height=2, command=stop_receive)

    columns = ('报告时间', '人员 ID', '人员姓名')
    root.report = ttk.Treeview(root, show='headings')

    root.report['columns'] = columns
    root.report.column('报告时间', width=140)
    root.report.column('人员 ID', width=140)
    root.report.column('人员姓名', width=210)
    root.report.heading('报告时间', text='报告时间', anchor='w')
    root.report.heading('人员 ID', text='人员 ID', anchor='w')
    root.report.heading('人员姓名', text='人员姓名', anchor='w')
    root.report.grid(row=1, column=3, columnspan=5, rowspan=3)

    root.protocol("WM_DELETE_WINDOW", controller.kill)

    root.mainloop()
```

工作实施

1. 根据自己的决策，完成"人脸注册与识别"子系统界面设计文档的编写。

2. 通过 Python 编程完成"人脸注册与识别"子系统界面开发与功能集成。

3. 部署运行"人脸注册与识别"子系统，发现并纠正存在的问题，直至软件能够正常平稳运行。

评价反馈

表 5-3　学生自评表

学习情境 5.1　人脸识别应用系统软件集成				
序号	评价项目	评价标准	分值	得分
1	掌握软件集成的基本概念	能够正确阐述软件集成的目的和主要方法	10	
2	了解不同软件集成方法的适用场景	能够正确阐述界面集成、过程集成、数据集成的区别和适用场景	20	

（续表）

学习情境 5.1　人脸识别应用系统软件集成

序号	评价项目	评价标准	分值	得分
3	掌握集成测试的基本概念	能够说出集成测试的目的和主要工作内容	10	
4	掌握界面集成的具体实现过程	能够通过界面设计文档准确体现使用界面集成方法完成相关软件集成任务的具体思路	20	
5	具备界面集成相关应用程序开发能力	能够通过 Python 编程实现界面集成工作目标	40	
		合计	100	

表 5-4　学生互评表

学习情境 5.1　人脸识别应用系统软件集成

序号	评价项目	分值	等级				评价对象			
			优	良	中	差	1	2	3	4
1	能够正确阐述软件集成的目的和主要方法	10	10	8	6	4				
2	能够正确阐述界面集成、过程集成、数据集成的区别和适用场景	20	20	16	12	8				
3	能够说出集成测试的目的和主要工作内容	10	10	8	6	4				
4	能够通过界面设计文档准确体现使用界面集成方法完成相关软件集成任务的具体思路	20	20	16	12	8				
5	能够通过 Python 编程实现界面集成工作目标	40	40	32	24	16				
	合计	100								

表 5-5　教师评价表

学习情境 5.1　人脸识别应用系统软件集成

序号	评价项目		评价标准	分值	得分
1	考勤（20%）		无无故迟到、早退、旷课现象	20	
2	工作过程（40%）	准备工作	能够从不同渠道收集查阅资料并结合任务书提供的信息，制订合理的界面集成方案，完成界面设计文档编写	10	
		工具使用	能够通过 Python 编程实现要求的界面集成工作目标	10	
		工作态度	能够按要求及时完成要求的软件集成工作	10	
		工作方法	遇到问题能够及时与同学和教师沟通交流	10	
3	工作结果（40%）	界面设计文档	界面设计文档关键内容完整	5	
			界面设计文档关键内容正确	5	
		用户界面开发	能够通过 Python 编程实现事先设计好的界面布局	5	
			能够通过 Python 编程实现规定的界面交互功能	5	
		程序质量	代码编写规范风格一致	5	
			代码注释清楚到位	5	
		工作结果展示	能够准确表达、汇报工作成果	10	
			合计	100	

拓展思考

1. 简述使用功能集成方法实现软件集成的前提条件。
2. 请上网查找资料，简述可供实现数据集成的第三方数据访问中间件有哪些。

学习情境 5.2　人脸识别应用系统硬件设备集成

学习情境 5.2
微课视频

学习情境描述

　　根据系统设计方案，用网络连接设备将人脸图像传感设备（如监控摄像机）与人脸数据分析与应用支撑平台设备（如人脸识别服务器）连接起来，通过执行相关的集成测试方案，确认二者能够分别实现系统要求的人脸图像采集功能和人脸图像分析处理功能，同时还能以协同工作的方式实现系统要求的人脸识别功能。

　　本节我们将学习如何将前端感知设备与后台的识别服务器进行集成，并通过运行相关的测试方案来确认所有设备符合系统建设要求。

学习目标

1. 了解硬件设备集成的目的和主要方法。
2. 了解硬件设备集成的具体实现过程和工作流程。
3. 学会正确编写集成工作方案。
4. 掌握硬件设备集成工作方法。
5. 学会正确编写集成测试报告。

任 务 书

　　某工业园区需要对快递人员进入园区进行授权管理和轨迹跟踪，为此他们计划构建一个基于人脸识别技术的园区快递人员管理系统。

　　该系统由前端设备和管理后台两部分构成。其中，前端设备由部署在园区大门口的人脸识别闸机、部署在园区内道路沿线及各类建筑物出入口的高清监控摄像机和部署在园区管理部的三维人脸照相机组成；管理后台由部署在园区机房的各类服务器及一套"园区快递人员管理系统"应用软件组成。

　　你作为设备集成小组的组长，负责此次系统开发过程中的设备集成工作。目前系统的软件开发工作已经结束，用户现场需要使用的摄像机及人脸识别服务器已经采购回来，项目经理要求你根据系统建设方案在公司内搭建一个集成测试环境，将摄像机与人脸识别服务器连接起来，通过运行已经开发好的人脸识别应用软件，对摄像机、人脸识别服务器能否正常工作并协同完成人脸识别工作进行验证确认。

　　你接到任务后，首先需要根据系统整体解决方案及概要设计说明书，详细了解监控摄像机及人脸识别服务器在系统中的作用和它们之间的连接方式，然后对需要开展的集成工作内容进行梳理，并在此基础上编写此次设备集成的具体工作方案。在与项目经理一起对设备集成工作进行讨论、修改和完善后，带领小组人员认真执行设备集成工作方案，共同完成此次设备集成工作，最后提交集成测试报告。

获取信息

引导问题 1：什么是硬件设备集成？

（1）硬件设备集成的工作目的是什么？

_____

_____

（2）硬件设备集成工作流程是怎样的？

_____

_____

（3）如何确认硬件设备集成的目的已经达成？

_____

_____

引导问题 2：如何编写硬件设备集成工作方案？

（1）硬件设备集成工作方案应该包含哪些关键内容？

_____

_____

（2）什么是集成测试用例？

_____

_____

引导问题 3：如何编写硬件设备集成测试报告？

（1）硬件设备集成测试报告的主要作用是什么？

_____

_____

（2）硬件设备集成测试报告应该包含哪些关键内容？

_____

_____

工作计划

1. 制定工作方案

表 5-6　工作方案

步骤	工作内容
1	
2	
3	
4	
5	

2. 确定人员分工

表 5-7　人员分工

序号	人员姓名	工作任务	备注
1			
2			
3			
4			

知识准备

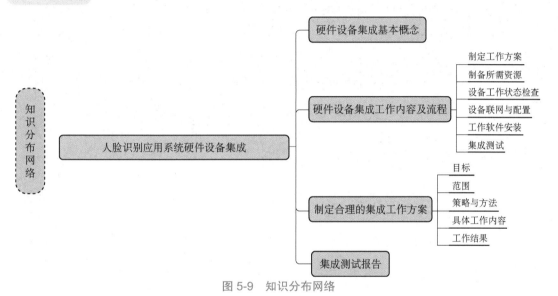

图 5-9　知识分布网络

5.2.1　硬件设备集成基本概念

　　计算机网络应用系统的硬件设备集成就是通过综合布线，利用计算机网络通信设备，将系统包含的所有前后端设备连接起来，使它们能够实现相互之间正常通信，并以协同工作的方式实现系统设计所要求的数据采集、数据传输、数据处理及应用支撑等功能。

　　在构建一个人脸识别应用系统时，为了实现人脸图像的采集、识别、保存或输出使用，经常会用到各种各样的硬件设备，如人脸图像采集建库专用照相机、工作现场监控摄像机、人脸识别 GPU 服务器、人脸注册及识别结果管理数据库服务器等，这些设备通常会由集成商从不同的设备供应商处采购而来。为了确保这些来自不同供应商的设备是符合系统建设要求的，并且能够通过网络设备的连接形成一个用户期望的人脸识别应用系统，在开发阶段结束前，集成商必须组织实施硬件集成工作，通过使用相关设备依照系统总体架构设计进行组网，并开展集成测试，验证确认这些设备的可用性和适用性。

　　由此可见，硬件设备集成工作实际上是关乎设备选型是否正确、系统总体架构设计是否合理，乃至定制开发的软件是否满足需求等一系列重大事项的验证性工作，其工作质量会直接影响到将来交付给用户使用的系统能否正常稳定运行，所以它是系统建设过程中的一项重要工作。

在线测试 5.2.1

根据系统设计方案正确开展硬件设备的系统集成，发现并解决硬件设备选型、系统总体架构设计及定制开发软件中存在的问题，是智能识别系统开发建设人员必须掌握的专业技能。

5.2.2 硬件设备集成工作内容及流程

硬件设备集成的主要工作内容包括：制定集成工作方案、准备所需资源、设备工作状态检查、设备联网与配置、工作软件安装、集成测试，如图 5-10 所示。

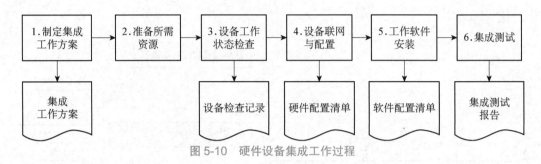

图 5-10 硬件设备集成工作过程

（1）制定集成工作方案：明确集成工作目标、范围、策略与方法、具体工作内容、工作结果要求。

（2）准备所需资源：明确为顺利开展和完成集成工作，需要准备的工具、耗材和数据。例如，连接设备要用到的网线、给设备供电要用到的电源接线板、制作网线的网线钳和水晶头、测量网络是否畅通的检测仪、集成测试过程中需要使用的一些模拟数据等。

（3）设备工作状态检查：对不同的设备进行通电，首先检查其是否能够正常开关机，其次根据设备的操作使用手册检查其各项关键功能是否能够正常使用。针对监控摄像机，主要是检查其视频采集、图片抓拍、图像预览等功能是否正常，焦距、光圈、白平衡、图像分辨率等关键工作参数的设置（无论以手动还是自动方式）功能是否正常。针对人脸识别服务器，主要是检查其系统基本配置是否符合要求，如操作系统的类型与版本是否正确，CPU、内存、硬盘、网卡、电源、PCIe 插槽等基础组件的规格、型号及数量是否正确，GPU卡的规格、型号及数量是否正确等。

（4）设备联网与配置：依据系统总体架构方案，通过网络连接设备将需要集成的前端感知设备与后台中的相关服务器连接起来，并进行所有设备 IP 地址及其他必要工作参数的设置，实现前端感知设备与后台相关服务器之间的正常通信。

（5）工作软件安装：将定制开发的图像数据采集、传输、注册、检测、分析识别等应用软件，按设计要求分别安装到前端感知设备和后台相关的服务器上，以便能够基于这些软件提供的应用功能对前后端设备进行集成测试。

（6）集成测试：通过运行集成测试用例，对相关硬件设备是否能够正常工作、协同工作进行验证和确认，对存在的问题进行报告并提出纠正建议。在集成测试结束时，工作团队需要提交集成测试报告，给出集成测试结论和进一步工作的建议。无论是软件开发工作还是硬件采购工作都需要结合集成测试报告中反映的问题进行相应的整改和发送，直至集成结果为通过为止。因此，是否能够通过集成测试，也是硬件设备采购与集成工作可否结束的标志。

在线测试 5.2.2

5.2.3　制定合理的集成工作方案

集成工作方案用于明确集成工作目标、范围、策略与方法、具体工作内容、工作结果要求等，以便组织和引导集成工作小组顺利开展集成工作。

集成工作方案没有统一的文档格式，项目开发团队负责人或集成工作小组负责人可以根据集成工作管理需要确定其格式。但无论采用什么格式，它都应该对下列关键内容进行详细阐述。

1. 集成工作目标

硬件设备集成工作的目标通常包含两个方面的内容：一是确认所有需要向用户交付的设备可以通过网络互联互通；二是确认这些设备可以通过协同工作来支撑定制开发的各种应用软件正常平稳运行。具体内容需要结合项目的实际情况进行描述。

2. 集成工作范围

构成系统的硬件设备可能由系统承建商全部提供，也可能由系统承建商部分提供，在此要说明需要对系统中哪些设备进行集成和验证。

3. 集成工作的策略与方法

在开展硬件设备集成工作时，需要根据系统总体架构设计给出的系统拓扑图搭建一个模拟系统，该模拟系统需要包含所有种类的设备（每种设备的数量至少为1），并按系统拓扑图中的规定连接关系进行连接。集成工作小组可以根据人力资源是否充足、团队工作经验是否丰富，采用不同的策略来开展工作。若人手充足且多次完成过同类硬件设备的集成工作，可以一次性将所有种类的设备连接起来进行集成验证；若集成工作小组人手有限且第一次接触相关种类的硬件设备，为了降低工作难度，保证工作质量，可以按子系统的划分先分别开展子系统内的硬件设备集成，然后再通过增量方式完成子系统间的设备集成，直到系统内所有的设备都被集成在一起为止。

4. 具体工作内容

从准备实施集成工作所需的数据、耗材及工具开始，到最终完成集成测试并提交集成测试报告为止，硬件设备集成工作过程通常会包括四五项工作任务。由于不同系统承建商内部的业务管理模式和部门设置不同，具体要开展哪些工作还要根据系统承建商自己的情况而定。

例如，针对"设备工作状态检查"这项工作，其目的是对由采购部门采购回来的硬件设备是否符合选型要求进行检查和确认。有些系统承建商设置有独立的质检部门，承担所有对外采购设备的到货质量检查，在这种情况下，集成工作小组只需领用通过质检部门检查合格的相关设备，直接进行组网和配置即可，无须再重复开展"设备工作状态检查"这项工作。又如，"工作软件安装"这项工作，若是某个系统的硬件设备集成工作目标仅是验证系统前后端设备可否正常联网并实现相互间通信，且所有设备经过质检部门检查是符合选型要求的，那么在集成过程中就不会涉及定制开发软件的安装运行。

由此可见，无论在什么情况下，"准备需要的物资与数据""设备的联网与配置""集成测试"这三项工作内容都是必须实施的。

5. 结果

所有集成工作的结束标志都是提交集成测试报告。在此，除了明确要求要提交硬件设备集成测试报告外，也应该结合集成过程中发现的或形成的经验，对如何确保系统部署正常开展、如何提升系统部署工作效率等提出建议。

5.2.4 集成测试报告

一般情况下，项目的集成测试工作由集成工作小组负责人领导实施。这样做的好处在于可以对发现的问题及时向开发团队反馈，并协调组织资源进行纠正和完善。所以，集成测试报告要详细记录测试过程，对发现的问题和缺陷进行准确的描述，对针对问题和缺陷所采取的纠正措施及结果进行全面体现。只有这样，才能为开发人员进一步完善开发工作提供依据，为是否结束开发阶段的工作提供决策依据。

编写集成测试报告可参考以下模板。

《***系统硬件设备集成测试报告》

1. 引言

1.1 目的

简述编写集成测试报告的目的。

例如，通过详细记录测试过程、发现的问题和缺陷、采取的纠正措施及结果，对开发阶段的工作成果及其质量进行验证确认，为开发人员进一步完善开发工作提供依据，为是否结束开发阶段的工作提供决策依据。

1.2 术语及定义

对报告中涉及的专业术语及其定义进行说明，如集成测试、测试用例、缺陷、回归测试等。

1.3 参考资料

编写本报告的依据或参考到的其他文档。

1.4 约束与限制

对开展本次集成工作需要遵循的工作准则或面临的限制条件进行说明。

例如，本次集成过程中不涉及人脸识别平台各类服务器的性能测试与确认，故参与集成的所有设备数量为1，所有设备之间需通过交换机进行连接，以尽可能模拟用户现场的设备连接方式。

2. 概述
2.1 测试对象
本次集成测试针对的是什么系统？涉及了系统中哪些具体的硬件设备？
2.2 测试目的
结合集成工作目标对本次测试要达到的目的进行说明。

例如，本次集成测试的工作目标是验证各联网设备之间是否能够正常通信；同时通过运行相应的软件，验证各联网设备是否能够协同工作以实现相关的系统功能。
2.3 测试环境
给出测试环境的软硬件构成清单。如上述设备联网后形成的测试环境中，除上述设备外还包含了哪些设备？所有设备上都安装了哪些软件（包括系统软件和应用软件）？
3. 测试地点与时间
说明实施测试的地点，以及集成测试开始时间、结束时间。
4. 测试结果及分析
5. 测试结果
详细说明针对各个硬件设备进行了哪些操作，操作的结果如何？具体的测试人员是谁？可使用表 5-8 对测试结果进行说明。

表 5-8　测试结果

序号	参与测试设备名称	操作过程	结果	建议	测试人员
1	三维人脸照相机	操作人员将被采集人员的身份证放在读卡器上，屏幕上显示出身份证号码、姓名及身份证照片； 操作人员让被采集人坐在照相机前，并从屏幕上可看到被采集人的脸部是否全部放入图像采集框内； 操作人员单击屏幕下方的"采集"按钮，可在屏幕上看到生成的三维图像，且图像下方有"保存"和"重新采集"两个按钮供用户选择下一步的操作； ……	测试通过		
2	人脸注册管理员工作 PC	在 PC 的操作界面中通过输入人员 ID（如身份证号码/工号/学号）可以查询到该人员的三维人脸数据是否已经采集并保存在三维人脸照相机上； 若已经采集，则可以将保存在三维人脸照相机上的人脸图像文件下载到 PC 上进行显示和保存 ……	测试通过		

6. 测试结果分析
首先对计划使用的测试用例逐个进行说明，其次对测试用例的通过情况进行统计分析和说明，同时对测试是否覆盖了所有需要集成的设备，是否覆盖了应该由这些设备实现的数据采集、传输、处理、保存、输出与展示等功能，进行详细说明。

例如，为本次集成测试设计的测试用例如下：

测试用例 1：

测试用例 2：

……

通过运行上述测试用例，可以在确认相关硬件设备正常工作状态的同时，对联网后设备间的相互通信情况、协同工作表现进行验证和确认。

经过运行全部测试用例，测试用例通过率为100%，测试覆盖率为89%。

7. 缺陷说明

对测试过程中是否发现缺陷，以及发现的缺陷类型、性质及影响进行说明。

例如，通过运行测试用例1，发现身份证读卡器存在无法正常读取身份证信息的现象。经过更换读卡器，相关现象未再出现。

或通过运行全部测试用例，未发现明显缺陷。

8. 测试结论

首先说明测试过程中发现的问题及缺陷是否已经记录并得到解决，其次对集成测试通过准则进行介绍，最后给出测试结论（通过/不通过）。

在线测试 5.2.4

例如，对测试过程中发现的问题已经进行了详细记录，所有发现的问题都已经得到解决和纠正，测试用例通过率为100%，测试覆盖率为89%，达到事先设定的测试通过准则，所有被集成的硬件设备符合系统建设要求。

5.2.5 局域网

局域网（Local Area Network，LAN）是指在某一区域内由多台计算机互联组成的计算机组，一般是方圆几千米以内。局域网可以实现文件管理、应用软件共享、打印机共享、工作组内的日程安排、电子邮件和传真通信服务等功能。局域网是封闭型的，可以由办公室内的两台计算机组成，也可以由一个公司内的上千台计算机组成。

在进行智能识别系统硬件设备集成过程中，我们通常需要通过网络连接设备（如交换机）将智能识别系统的前端感知识别设备与后台的各种服务器连接在一起，共同构成一个供集成测试使用的局域网。

相关案例

某工业园区需要对快递人员进入园区进行授权管理和轨迹跟踪，为此他们计划构建一个基于人脸识别技术的园区快递人员管理系统。

该系统由前端设备和管理后台两部分构成。其中，前端设备由部署在园区大门口的人脸识别闸机、部署在园区内道路沿线及各类建筑物出入口的高清监控摄像机和部署在园区管理部的三维人脸照相机组成；管理后台由部署在园区机房的各类服务器及一套"园区快递人员管理系统"应用软件组成。

在系统开发工作结束前，需要进行系统硬件设备集成工作，对系统中的核心硬件设备三维人脸照相机及人脸识别服务器是否能够联网并协同工作进行验证确认。

该项目集成工作小组负责人在接收上述任务后，迅速对需要开展的集成工作内容进行梳理，并在此基础上起草好此次设备集成的工作方案。经过与项目经理一起对设备集成工作方案认真讨论、沟通后，集成工作小组负责人对起草的设备集成工作方案进行了修改和完善，并经过评审成为正式的设备集成工作方案。

随后，该项目集成工作小组负责人依据设备集成工作方案带领小组成员，依次开展各项规定的工作，并在要求的时间内顺利完成此次设备集成工作，最后提交集成测试报告。

1. 系统硬件设备集成工作方案

《园区快递人员管理系统硬件设备集成工作方案》

一、集成工作目标

本次硬件设备集成工作的目标：确认三维人脸照相机、人脸识别服务器可以依据系统架构方案通过网络互联互通，并协同工作，顺利实现从人脸数据采集到人脸注册，再到人脸识别及识别结果输出展示的整个人脸识别业务过程。

二、集成工作范围

本次集成工作只涉及系统核心设备，即三维人脸照相机、人脸识别服务器。

三、集成工作的策略与方法

本次集成工作需要搭建一个集成测试环境，该环境由交换机将一台三维人脸照相机、一台人脸识别服务器、一台模拟用户计算机的 PC、一台高清摄像机连接成一个小型局域网系统，其环境搭建如图 5-11 所示。

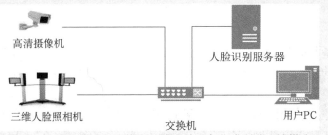

图 5-11　园区快递人员管理系统硬件设备集成测试环境搭建

本次集成工作将通过在该集成测试环境中部署已经开发好的"人脸采集与注册"应用软件（包括人脸采集与数据管理和人脸注册与识别管理两个功能模块），并运行事先设计好的测试用例来完成。

四、具体工作内容（见表 5-9）

表 5-9　本次集成工作的具体内容及分工表

序号	工作任务	工作要求	责任人	备注
1	物资准备	准备普通交换机（4 口或 8 口）1 台，超五类网线 3 根（2 米长）	顾**	
2	数据准备	提前在人脸识别服务器上构建一个有 10 人以上的三维人脸数据的人脸注册数据库，作为人脸识别底库	张**	
3	设备联网	将 1 台三维人脸照相机、1 台人脸识别服务器、1 台模拟用户计算机的 PC 和一台高清摄像机连接成一个小型局域网系统	王**	开发团队负责将与高清摄像机人脸识别服务器对接好，并完成相关工作参数配置
4	集成测试	根据本次集成工作目标设计集成测试用例，实施集成测试，提交集成测试报告	徐**	测试部李*和尹**共同参与本次集成测试

五、工作结果

在本次集成工作结束前须向项目经理提交《园区快递人员管理系统硬件设备集成测试报告》供评审使用。

另外，根据公司项目管理部要求，本次集成工作结束时，由集成工作小组负责人结合集成过程中发现的问题及积累的经验，对如何确保系统部署工作正常开展、如何提升系统部署工作效率等提出书面建议。

2. 系统硬件设备集成测试报告

《园区快递人员管理系统硬件设备集成测试报告》

1. 引言
1.1 目的

本次集成测试将确认三维人脸照相机、人脸识别服务器可以依据园区快递人员管理系统架构方案，通过网络实现互联互通，并经过相互协同配合，顺利实现用户需要的人脸数据采集、人脸注册、人脸识别及识别结果输出展示等应用功能。同时，通过详细记录测试过程、发现的问题和缺陷、采取的纠正措施及结果，对开发阶段的工作成果及其质量进行验证确认，为开发人员进一步完善开发工作提供依据，为是否结束开发阶段的工作提供决策依据。

1.2 术语及定义

（1）硬件设备集成测试：在每台设备通过独立的入厂（入库）质量检验后，将所有的设备集成在一起的测试，以验证它们可以通过网络实现互联互通，且可以协同工作实现要求的功能。

（2）测试用例：是一组条件或变量，测试者根据它来确定应用软件或系统是否能正确工作。

（3）缺陷：在此指硬件设备存在的欠缺或不够完备的地方，它会导致设备使用说明书中宣称的功能或性能指标无法实现。

（4）测试覆盖率：用来衡量测试充分性和完整性的指标。根据被测对象不同，它又可分为需求覆盖率和代码覆盖率两种。本次测试中采用需求覆盖率。

（5）测试通过准则：确定软件程序或系统是否通过测试的标准。

（6）回归测试：每次根据发现的问题或缺陷对系统进行修复改进后，为防止出现新的bug 而对系统进行的测试。

1.3 参考资料

（1）《园区快递人员管理系统软件需求规格说明书》。
（2）《园区快递人员管理系统软件概要设计说明书》。
（3）《园区快递人员管理系统硬件设备集成工作方案》。

1.4 约束与限制

本次集成过程中不涉及园区快递人员管理系统人脸识别平台各类服务器的性能测试与确认，参与集成的三维人脸照相机、人脸识别服务器数量分别为1。

在搭建集成测试环境时，三维人脸照相机、人脸识别服务器、用户 PC 及高清摄像机之间需通过交换机进行连接，以尽可能模拟用户现场的设备连接方式。

2．概述

2.1 测试对象

本次集成测试主要针对园区快递人员管理系统中三维人脸照相机与人脸识别服务器的互联互通与协同工作，不涉及园区快递人员管理系统人脸识别平台各类服务器的性能测试与确认。

2.2 测试目的

本次集成测试首先要对三维人脸照相机的基本功能进行确认，包括人员信息录入及人脸图像采集操作；其次，将三维人脸照相机与人脸识别服务器连接好后，对人脸识别服务器能否正常接收三维人脸照相机采集的人脸数据来实现人脸注册、能否基于注册成功的人脸对视频中出现的人脸正确识别进行验证确认。

2.3 测试环境

本次集成测试环境由一台三维人脸照相机、一台人脸识别服务器、一台模拟用户计算机的 PC、一台高清摄像机联网而成的小型局域网构成，如表 5-10 所示。

表 5-10　测试环境

序号	设备名称	规格型号	数量	单位
1	三维人脸照相机	WS-HFTD01	1	台
2	人脸识别服务器	WS-FACE3DServer01-C08	1	台
3	高清摄像机	大华 P20A2-PV-3.6mm	1	台
4	交换机	TP-LINK TL-SG1210P 8 口千兆	1	台

在该测试环境中部署了"园区快递员管理系统"应用软件。其中，"人脸采集与数据管理"子系统部署在三维人脸照相机主机上，"人脸注册与识别管理"子系统部署在人脸识别服务器上。应用软件采用 B/S 架构，可从用户 PC 上通过浏览器登录和进行相关功能操作。

3．测试地点与时间

3.1 测试地点：公司研发楼。

3.2 集成测试开始时间：2023-04-12。

3.3 集成测试结束时间：2023-04-20。

4．测试结果及分析

5．测试结果

表 5-11　测试结果

序号	参与测试设备名称	操作过程	结果	建议	测试人员
1	三维人脸照相机	操作人员将被采集人员的身份证放在读卡器上，屏幕上显示出身份证号码、姓名及身份证照片； 操作人员让被采集人坐在照相机前，并从三维照相机主机显示屏上可看到被采集人的脸部是否全部放入了图像采集框内； 操作人员单击屏幕下方的"采集"按钮，可在屏幕上看到生成的三维图像，且图像下方有"保存"和"重新采集"两个按钮供用户选择下一步的操作； 操作人员单击"保存"按钮后屏幕上会弹出一个"保存成功"的对话框，且对话框下方有"继续采集""结束采集"两个按钮供用户选择下一步的操作	测试通过		

（续表）

序号	参与测试设备名称	操作过程	结果	建议	测试人员
2	人脸注册管理员工作 PC 与三维人脸照相机集成测试	从 PC 上登录"园区快递员管理系统"后选择"人脸采集与数据管理"→"采集数据查询"，进入查询操作界面，在"请输入人员 ID"的操作框中输入人员 ID（如身份证号码/工号/学号）后单击"查看"按钮，可以查询到该人员的三维人脸数据是否已经采集并保存在三维人脸照相机上； 若已经采集，则通过单击已采集数据列表上相应栏上的"下载"按钮，可以将保存在三维人脸照相机上的人脸图像文件下载到 PC 上进行显示，以便进行图像质量检查	测试通过		
3	人脸注册管理员工作 PC 与三维人脸照相机、人脸识别服务器集成测试	若在 PC 显示屏上看到的三维人脸采集图像正常、无质量缺陷，则单击图像下方的"提交注册"按钮立即进行注册。若注册成功，屏幕上会弹出一个"注册成功"的对话框；若注册不成功，会根据原因在对话框中分别显示"质量不合格，请重新采集！"或"注册异常，请稍后再试！"。 从 PC 上登录"园区快递员管理系统"后选择"人脸注册与识别管理"→"人脸注册"，进入人脸注册操作界面。该界面显示了一个人脸数据采集质量合格的人员列表，选择需要进行注册人脸的人员，单击相应栏末尾的"提交注册"按钮，即可进行该人员的人脸注册。随后，注册是否成功的交互信息同上	测试通过		
4	人脸注册管理员工作 PC 与高清摄像机、人脸识别服务器集成测试	从 PC 上登录"园区快递员管理系统"后选择"人脸注册与识别管理"→"识别结果查询"，进入识别记录查询操作界面，在"请输入人员 ID"的操作框中输入人员 ID（如身份证号码/工号/学号），在"请选择查询时间"的操作框中输入查询起止时间，然后单击下方的"查询"按钮，就可以查询到该人员在查询时间范围内的全部识别结果列表。单击列表中的任何一条记录，可显示识别结果细节（由一张现场抓拍照片、注册图片及识别时间、地点等信息组成）	测试通过		

6. 测试结果分析

为本次集成测试设计的测试用例如下。

（1）测试用例 1：将王*明的二代身份证放在三维人脸照相机的身份证读卡器上，由测试人员对其进行人脸图像采集，并将采集好的人脸数据保存在三维人脸照相机中。

（2）测试用例 2：登录"园区快递员管理系统"后选择"人脸采集与数据管理"→"采集数据查询"，在"请输入人员 ID"的操作框中输入王*明的身份证号码，单击"查看"按钮观察结果。

（3）测试用例 3：登录"园区快递员管理系统"后选择"人脸采集与数据管理"→"采集数据查询"，在"请输入人员 ID"的操作框中输入王*明的身份证号码，单击"查看"按钮，此时屏幕上会以列表的方式显示出一条采集记录，单击该记录末尾处的"下载"按钮，观察结果。

（4）测试用例 4：登录"园区快递员管理系统"后选择"人脸注册与识别管理"→"人脸注册"进入人脸注册操作界面。该界面显示了一个人脸数据采集质量合格的人员列表，找到王*明的信息栏，单击该栏目末尾的"提交注册"按钮后观察结果。

（5）测试用例 5：首先，安排王*明从与人脸识别服务器连接的高清摄像机前经过 3 次，每次的间隔时间为 4～5 分钟，这期间可穿插安排 2～3 名不同的人员在该摄像机前多次经过；然后，从 PC 上登录"园区快递员管理系统"后选择"人脸注册与识别管理"→"识别结果查询"，进入识别记录查询操作界面，在"请输入人员 ID"的操作框中输入王*明身份证号码，在"请选择查询时间"的操作框中输入查询起止时间（只要涵盖王*明从摄像机前经过的 3 次时间即可），然后单击下方的"查询"按钮观察结果。

通过运行上述测试用例，可以在确认三维人脸照相机、一台人脸识别服务器工作状态的同时，对二者在联网后相互间的通信情况、协同工作表现进行验证和确认。

经过运行上述全部测试用例，测试用例通过率为100%，测试覆盖率为89%。

7. 缺陷说明

通过运行全部测试用例，未发现明显缺陷。

8. 测试结论

对测试过程中发现的问题已经进行了详细记录，所有发现的问题都已经得到解决和纠正，测试用例通过率为100%，测试覆盖率为89%，达到事先设定的测试通过准则，所有被集成的硬件设备符合系统建设要求。

在线测试 5.2.5

测试结论：通过。

工作实施

1. 根据自己的决策，完成本次硬件设备集成工作方案文档的编写。

2. 通过小组间讨论和互评，对硬件设备集成工作方案存在的问题进行纠正并进一步完善方案。

3. 带领小组人员根据完善后的集成工作方案实施本次硬件设备集成工作。

4. 编写并提交本次硬件设备集成测试报告。

评价反馈

表 5-12 学生自评表

序号	评价项目	评价标准	分值	得分
	学习情境 5.2 人脸识别应用系统硬件设备集成			
1	掌握硬件设备集成的基本概念	能够正确阐述在系统开发阶段硬件设备集成工作的目的和主要方法	10	
2	掌握硬件设备集成工作流程	能够正常说出硬件设备集成的基本工作流程和主要工作步骤	10	
3	具备组织规划硬件设备集成工作能力	能够正确编写和完善集成工作方案	30	
4	掌握硬件设备集成工作方法	能够根据集成工作方案正确完成硬件设备的连接、配置和调试工作，实现相关硬件设备间的互联互通和协同工作	30	
5	具备编写集成测试报告的能力	能够正确编写和提交集成测试报告	20	
	合计		100	

表 5-13　学生互评表

学习情境 5.2　人脸识别应用系统硬件设备集成										
序号	评价项目	分值	等级				评价对象			
			优	良	中	差	1	2	3	4
1	能够正确阐述在系统开发阶段硬件设备集成工作的目的和主要方法	10	10	8	6	4				
2	能够正常说出硬件设备集成的基本工作流程和主要工作步骤	10	10	8	6	4				
3	能够正确编写和完善集成工作方案	30	30	24	18	12				
4	能够根据集成工作方案正确完成硬件设备的连接、配置和调试工作，实现相关硬件设备间的互联互通和协同工作	30	30	24	18	12				
5	能够正确编写和提交集成测试报告	20	20	16	12	8				
	合计	100								

表 5-14　教师评价表

学习情境 5.2　人脸识别应用系统硬件设备集成				
序号	评价项目		评价标准	分值	得分
1	考勤（20%）		无无故迟到、早退、旷课现象	20	
2	工作过程（40%）	准备工作	能够根据集成工作方案，做好相关物资与数据准备工作，如连接设备需要使用的网络和交换设备，进行人脸识别时需要的人脸注册数据，等等	20	
		工具使用	能够严格按照集成工作方案要求，认真完成集成工作	10	
		工作态度	能够按要求及时完成集成工作	10	
		工作方法	遇到问题能够及时与同学和教师沟通交流	10	
3	工作结果（40%）	集成工作方案	关键内容完整	10	
		集成测试报告	关键内容完整	10	
		工作质量	提交的集成工作方案和集成测试报告内容正确	5	
		工作结果展示	能够准确表达、汇报工作成果	5	
	合计			100	

拓展思考

在进行智能识别系统硬件设备集成过程中，需要开展"设备联网与配置"工作，其目的是依据系统总体架构方案，通过网络连接设备将需要集成的前端感知设备与后台中的相关服务器连接起来，并进行所有设备 IP 地址及其他必要工作参数的设置，实现前端感知设备与后台相关服务器之间的正常通信。

以上述"园区快递人员管理系统硬件设备集成测试环境"（见图 5-11）为例，请简述应该如何进行所有设备的 IP 地址配置，才能实现它们之间的正常通信。

学习情境 5.3　人脸识别应用系统部署与试运行

学习情境描述

　　依据系统建设方案，将通过集成测试的系统各个软硬件组成部分，在用户现场进行安装调试，通过实施系统测试，确认系统在用户环境中能够正常运行，通过试运行对系统进行必要的优化，确保系统整体运行状态符合系统建设要求。

学习目标

　　1. 了解系统部署的目的和主要工作内容。
　　2. 掌握系统部署的具体工作流程。
　　3. 了解系统测试与系统试运行基本概念。
　　4. 掌握系统部署方案的编写方法。

任 务 书

　　通过系统集成测试，"园区快递员管理系统"的各种硬件设备和相关的应用软件已经准备就绪，可以开展用户现场的系统部署与试运行工作。

　　你作为软件开发人员，承担了"园区快递员管理系统"应用软件中"人脸采集与注册"软件子系统的开发任务。由于公司测试部经理多次组织参与过公司承建的大型信息化、智能化应用系统的系统测试工作，对系统部署与试运行工作的具体内容和过程非常熟悉，所以被指定为此次"园区快递员管理系统"部署与试运行工作负责人，并负责制定"园区快递员管理系统"部署工作方案。

　　测试部经理要求你在一周时间内根据他提供的系统部署工作方案模板，向他提交"人脸采集与注册"软件子系统部署方案，以便他整理汇总到"园区快递员管理系统"部署工作方案中。

　　你接到任务后，首先需要认真学习测试部经理提供的系统部署工作方案模板，明确需要自己编写提交的内容；然后根据"人脸采集与注册"软件子系统的具体情况梳理出相应的运行环境要求、安装步骤和配置内容，并在规定的时间内向负责系统部署工作的测试部经理提交编写好的"人脸采集与注册"软件子系统部署方案。

获取信息

　　引导问题 1：什么是系统部署？
　　（1）系统部署工作的目的是什么？

_____

_____

（2）系统部署工作主要包含哪些工作内容？

_____

_____

（3）如何确保系统部署工作的顺利实施？

_____

_____

引导问题 2：如何编写系统部署工作方案？
（1）系统部署工作方案的作用是什么？

_____

_____

（2）一个人脸识别应用系统的系统部署工作方案通常会包含哪些内容？

_____

引导问题 3：什么是系统测试？
（1）系统测试的目的是什么？

（2）系统测试与集成测试的区别是什么？

_____

_____

引导问题 4：什么是系统试运行？
（1）系统试运行的目的是什么？

_____

_____

（2）系统试运行与系统正式运行的主要区别是什么？

_____

_____

工作计划

1. 制定工作方案

表 5-15　工作方案

步骤	工作内容
1	
2	
3	
4	
5	

2. 确定人员分工

表 5-16　人员分工

序号	人员姓名	工作任务	备注
1			
2			
3			
4			

知识准备

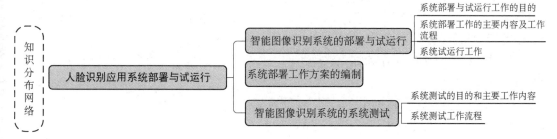

图 5-12　知识分布网络

5.3.1　智能图像识别系统的部署与试运行

1. 系统部署与试运行工作的目的

当智能图像识别系统经过集成测试被确认达到系统设计要求后，就可以着手实施系统部署与试运行工作了。所谓"系统部署"就是按照智能图像识别系统建设方案规定的内容、方式及数量，在用户现场进行系统全部软硬件设施设备的安装调试，以便系统能够在用户环境中运行起来。所谓"系统试运行"就是从智能图像识别系统部署完毕到用户正式启用系统开展业务之前，对部署好的系统再进行一段时间（通常为 3 个月左右）的测试，看系统是否还有问题，若有则及时处理，或进行必要的完善。

因此，系统部署工作的目的：按系统建设要求，在用户现场完成系统全部软硬件安装与调试，确保系统能够在用户环境中正常运行，且运行状态符合系统建设要求。与系统正式运行相比，系统试运行仍然带有测试和验证的性质，其目的是在用户开展业务的过程中，通过真实的业务数据、业务流程及用户人员操作，进一步发现和纠正在开发测试环境中（或模拟用户业务过程中）无法暴露的系统软硬件问题，以便在系统交付给出用户前对系统开发结果进行最后的优化。

2. 系统部署工作的主要内容及工作流程

系统部署的主要工作包括：①用户现场基础施工：根据系统前后端硬件设备安装需要，在用户现场开展综合布线及设备安装基础结构件埋设等工作。②硬件设备安装：在用户现场指定位置完成系统全部前后端硬件设备的安装和布设。③硬件设备联网调试：将分散在不同地点的前后端设备通过网络连接起来，完成设备联网运行参数配置，使它们之间可以相互通信。④应用软件安装与调试：将开发好的应用软件部署到系统中，并做好运行参数配置，确保它们之间能够互联互通、协同工作。⑤系统测试：通过实施系统测试，验证和确认系统的各个组成部分能够在用户环境下正常工作，且系统的各项功能性能指标满足系统建设要求。若发现问题，则需要进行修复，并再次进行测试，直到所有问题得到解决。

系统部署工作的具体流程通常如下：制定系统部署工作方案，编制系统部署工作计划，按计划在用户现场开展系统部署工作，对完成部署的系统进行测试，向用户提交系统试运行申请，如图 5-13 所示。在这个过程中，制订合理的系统部署工作方案尤为重要。这主要是因为系统部署工作不仅内容繁杂，涉及基础工程施工、软硬件安装、软硬件配置与调试、系统测试等多种类型的技术工作，需要不同专业的人员共同参与，而且它还横跨开发与部署两个环节，需要在这两个不同的工作环节之间不断切换工作场景，才能使发现的问题得到最终解决。所以，为了确保众多技术人员在不同的工作内容和工作环节上能够围绕同一个工作目标，相互配合、协同前进，一个能够明确系统部署工作目标、工作内容、工作流程，并能够依此制订部署工作计划，明确不同人员具体分工的统一的系统部署工作方案就是不可或缺的。

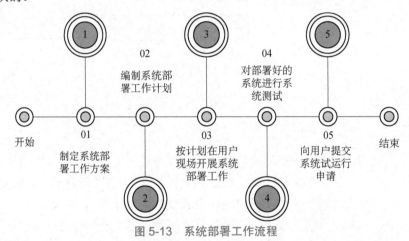

图 5-13　系统部署工作流程

3. 系统试运行工作

当通过系统测试确认系统能够在用户环境中正常运行，且用户批准系统试运行申请后，就可以开展系统试运行工作了。

系统试运行的典型做法是在局部用户范围使用系统的各项功能来开展业务，以此检验系统是否还存在功能和性能方面的问题需要改正，并结合用户的使用反馈意见对系统进行必要的优化。当然，有时为了安全起见，也可采用将用户的业务数据和业务功能，以分批递增的方式转移到新系统上进行试运行，以便在发现问题时既可及时采取纠正措施，又能够确保用户业务不会因为问题的出现而全部陷于停顿。

系统试运行期间的主要工作内容包括：基础数据迁移、业务迁移、系统缺陷跟踪与修复、系统试运行报告提交等。在试运行期间，系统集成商应该与用户就如何判定系统缺陷建立共识和标准。当出现的问题根据其性质被判定是系统自身缺陷时，系统集成商应该及时对问题进行修复和解决；如果不是系统自身缺陷，而是用户期望增加的系统新功能或

在线测试 5.3.1

新需求，此时可以遵循项目变更流程进行变更处理，也可以将其暂时搁置，作为后续系统升级项目内容的一部分。

5.3.2　系统部署工作方案的编制

系统部署工作方案用以明确系统部署工作的目标、范围、具体内容与相关流程，是制订系统部署工作计划、明确部署工作人员职责与分工、高效组织实施系统部署工作的重要依据。

系统部署工作方案的具体内容会因系统建设项目类型（如软件开发项目、硬件设备开发项目、软硬件系统集成项目等）的不同而不同。通常情况下，一个包含有软硬件开发与系统集成任务的智能图像识别系统建设项目（如人脸识别应用系统），其系统部署工作方案就应该结合系统总体架构，确定需要在用户现场安装的图像采集设备、网络通信设备及图像处理分析设备有哪些种类，它们各自应该如何进行安装配置；需要在用户现场安装的应用软件有哪些，它们各自又应该如何进行安装和配置，进行全面详细的描述。

可结合系统特点，参考以下模板，编制相应的系统部署工作方案。

《×××系统部署工作方案》

1. 系统架构

对系统的总体结构进行说明，以便系统部署人员能够了解系统全貌，准确把握系统部署工作范围。

1.1 系统逻辑架构

此处可引用系统设计方案中绘制的系统逻辑架构图。

1.2 系统网络拓扑图

此处可引用系统设计方案中绘制的系统网络拓扑图。

2. 系统部署要求

列出需要在用户现场部署的系统软件硬件设备清单，并说明具体部署地点和位置，可使用表 5-17 进行描述。

表 5-17　需要在用户现场部署的系统软件硬件设备清单

序号	软件/硬件设备名称	用途说明	部署地点及位置	数量
1	监控摄像机	人脸图像抓拍	行政楼一楼入口内侧吊顶处	2
2	交换机	监控摄像机接入	行政楼一楼弱电房	4
...	...	...	...	...

3. 系统硬件设备安装部署

对系统包含的各种软硬件设施设备，依次说明其详细的安装过程，包括安装内容、安装流程、需要配置的参数及内容、参数配置方法，以及部署过程中的注意事项。

3.1 前端设备

按前端设备种类不同，分别详细说明每种设备上需要安装哪些软件、具体的安装流程、需要配置的参数及配置流程，以及安装调试过程中的注意事项。

3.2 后台设备

按后台设备种类不同，分别详细说明每种设备上需要安装哪些软件（列出名称及版本号）、具体的安装流程、需要配置的参数及配置流程，以及安装调试过程中的注意事项。

4. 应用软件安装部署

详细说明系统包含的每种应用软件在安装时所包含的全部内容（含除操作系统外的所有软件运行时所依赖的硬件，列出名称及版本号）及安装步骤，需要配置的参数及配置流程，以及安装调试过程中的注意事项。

5. 系统部署过程中的注意事项

对系统部署过程中可能涉及的施工安全、现场设备管理、信息安全责任（如系统管理员账号、密码的管理和移交方式）进行详细说明。

5.1 施工安全

5.2 现场设备管理

5.3 信息安全责任

在线测试 5.3.2

5.3.3 智能图像识别系统的系统测试

系统测试是针对在用户现场部署好的智能图像识别系统进行的一系列测试，其目的是验证部署好的系统是否满足了系统的需求规格定义，找出系统与用户需求不符或矛盾的地方，从而提出更加完善的方案。

所以，智能图像识别系统的系统测试，是在用户环境中对智能图像识别系统进行的一系列严格有效的测试，测试对象不仅仅包括智能图像识别系统中的各种前端图像采集设备、各种应用软件，还要包含应用软件运行所依赖的硬件（如应用服务器、GPU 服务器等）、数据（如基础数据、识别结果）、支持软件及其接口等。

1. 系统测试的目的和主要工作内容

智能图像识别系统的系统测试的目的：验证在用户现场部署好的系统是否满足用户规定的需求。

系统测试的主要内容包括：系统功能确认测试、系统健壮性测试。功能确认测试就是测试系统的各项功能是否正确，由于正确性是软件最重要的质量因素，所以功能测试必不可少。健壮性测试主要是测试系统在各种异常情况下能否正常运行的能力，它包含两个方面的内容：一是容错能力；二是恢复能力。

实施系统测试的依据主要是系统需求文档，如系统需求规格说明书、软件需求规格说明书等。

2. 系统测试工作流程

智能图像识别系统的系统测试过程一般由五个工作步骤构成，即制订系统测试计划、设计系统测试用例、实施系统测试、缺陷管理与消除、提交系统测试报告，如图 5-14 所示。

在线测试 5.3.3

图 5-14 系统测试工作流程示意图

1 制订系统测试计划	2 设计系统测试用例	3 实施系统测试	4 缺陷管理与消除	5 提交系统测试报告
系统测试计划由系统测试组长负责编写，并报送项目经理批准后执行	系统测试组结合系统需求规格说明书、系统设计报告，设计编写系统测试用例	系统测试组依据测试计划、测试用例开展系统测试工作，并及时将发现的缺陷通报给开发人员	开发人员开展工作及时消除系统测试组报告的缺陷，同时进行回归测试，以确保在报告的缺陷消除过程中不会引入新的缺陷	对测试过程组织、测试中发现的缺陷、缺陷消除结果、回归测试结果等进行详细描述，并给出明确的系统测试结论

相关案例

下面是一个人脸识别考试管理系统在建设过程中使用过的系统部署工作方案，我们节选了部分关键内容，作为文档样例供大家在学习过程中参考借鉴。

《人脸识别考试管理系统部署工作方案》

工作实施

1. 根据自己对系统部署工作目标、工作内容的理解，梳理出在用户现场部署"人脸注册与识别"子系统，需要实施的工作任务清单。

2. 认真阅读系统部署工作方案模板，并撰写其中与"人脸采集与注册"软件子系统部署相关的内容。

3. 听取系统部署工作负责人对你提出的文档修改意见，完善"人脸采集与注册"软件子系统部署方案。

评价反馈

表 5-18 学生自评表

学习情境 5.3 人脸识别应用系统部署与试运行				
序号	评价项目	评价标准	分值	得分
1	掌握系统部署与试运行基本概念	能够正确阐述系统部署与试运行的基本概念和工作目的	10	

序号	评价项目	评价标准	分值	得分
	学习情境 5.3　人脸识别应用系统部署与试运行			
2	了解系统部署工作实施方式	能够正确阐述系统部署工作内容及工作流程	20	
3	了解系统试运行工作实施方式	能够正确阐述系统试运行工作主要内容及实施方法	20	
4	掌握系统测试基本概念	能够正确阐述系统测试的目的和主要工作内容	10	
5	具备编写系统部署方案的能力	能够根据任务书要求完成系统部署方案编写任务	40	
合计			100	

表 5-19　学生互评表

序号	评价项目	分值	等级				评价对象			
	学习情境 5.3　人脸识别应用系统部署与试运行									
			优	良	中	差	1	2	3	4
1	能够正确阐述系统部署与试运行的基本概念和工作目的	10	10	8	6	4				
2	能够正确阐述系统部署工作内容及工作流程	20	20	16	12	8				
3	能够正确阐述系统试运行工作主要内容及实施方法	20	20	16	12	8				
4	能够正确阐述系统测试的目的和主要工作内容	10	10	8	6	4				
5	能够根据任务书要求完成系统部署方案编写任务	40	40	32	24	16				
合计		100								

表 5-20　教师评价表

序号	评价项目		评价标准	分值	得分
	学习情境 5.3　人脸识别应用系统部署与试运行				
1	考勤（20%）		无无故迟到、早退、旷课现象	20	
2	工作过程（40%）	准备工作	能够从不同渠道收集查阅资料并结合任务书提供的信息，制订合理的界面集成方案，完成界面设计文档编写	10	
		工具使用	能够使用 Python 编程实现要求的界面集成工作目标	10	
		工作态度	能够按要求及时完成软件集成工作	10	
		工作方法	遇到问题能够及时与同学和教师沟通交流	10	
3	工作结果（40%）	界面设计文档	界面设计文档关键内容完整	5	
			界面设计文档关键内容正确	5	
		用户界面开发	能够通过 Python 编程实现事先设计好的界面布局	5	
			能够通过 Python 编程实现规定的界面交互功能	5	
		程序质量	代码编写规范风格一致	5	
			代码注释清楚到位	5	
		工作结果展示	能够准确表达、汇报工作成果	10	
合计				100	

拓展思考

请结合数据库服务器在上节案例"人脸识别考试管理系统"中的作用，通过上网收集数据库服务器安装部署相关资料，并参考本书单元 3 中有关数据库服务器的内容，将《人脸识别考试管理系统部署工作方案》中"3.5 数据库服务器"的内容补齐。

"人脸识别考试管理系统"网络拓扑图如图 5-15 所示。

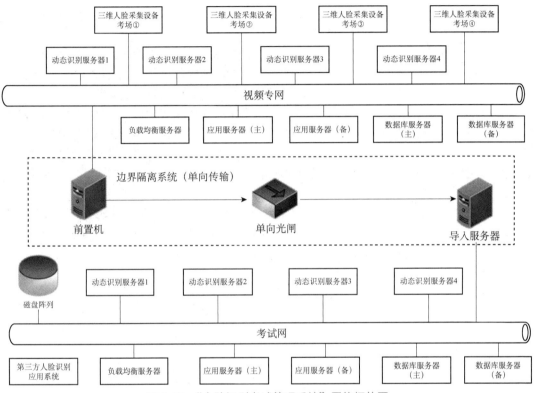

图 5-15 "人脸识别考试管理系统"网络拓扑图

单元 6　智能图像识别系统运行维护

在本书的单元 1 中我们就给大家介绍过，从了解用户的建设需求开始，一直到将系统建设好交付给用户使用，智能识别系统的建设过程大致可分为三个阶段：系统规划设计阶段、系统建设阶段、系统交付运行阶段。通常情况下，智能识别系统由开发商完成开发、集成、部署、试运行等工作，并出具可以说明系统已经满足建设需求的试运行报告后，系统建设阶段的工作就宣告结束，接下来就进入到系统的交付运行阶段。在系统交付运行阶段，系统开发商首先要向用户提出开展系统终验工作的书面申请，当系统通过用户组织的验收后，方可交付给用户投入正常使用。一旦系统投入正式运行，系统的运行维护工作也就开始了。智能识别系统的使用寿命短则 4~5 年，长则 10 年左右，在这个过程中，系统的运行维护工作会一直持续进行。

系统运行维护工作的目的是通过有序开展经过明确定义的运维活动，确保智能识别系统持续保持正常运行状态。因此，系统运行维护工作就是要有计划、有组织地对系统的运行状态进行检查，及时发现并消除可能影响系统正常平稳运行的各种风险和隐患；随时响应用户的故障处理请求，并及时排除系统故障，恢复系统正常运行。《系统维护手册》《系统运维记录表》《系统运维报告》等工作文档在各类系统运维工作中基本上都会用到。

智能识别系统的运行维护通常包括系统日常巡检、故障诊断与排除这两项活动，所涉及的专业知识和工作技能有所不同。本单元我们将通过两个学习情境给大家介绍相关内容。本单元的学习导航如图 6-1 所示。

教学导航	知识重点	1.智能识别系统日常巡检工作的目的和主要内容 2.智能识别系统日常巡检工作方法、流程和具体要求 3.系统巡检工作检查表设计 4.智能识别系统故障处理流程与方式 5.人脸识别系统常见故障及具体处理方法 6.人脸识别系统数据分析与应用支撑平台运维手册设计
	知识难点	1.人脸识别系统日常巡检工作具体要求 2.人脸识别系统常见故障及具体处理方法
	推荐教学方法	从讲解"预防为主，管理第一"的系统运维工作原则入手，先引导学生正确理解系统运维工作的目的和主要内容（系统日常巡检、系统故障处理），再分别讲解系统日常巡检、系统故障处理的工作方法、工作流程及注意事项，最后通过让学生动手开展巡检工作检查表设计、系统数据分析与应用支撑平台运维手册设计，掌握组织实施系统运维工作的相关技能
	建议学时	12学时
	推荐学习方法	在正确理解"预防为主，管理第一"这个系统运维工作重要原则的基础上，分别对系统日常巡检、系统故障处理这两项系统运维工作的主要内容进行学习掌握。其中，系统日常巡检的目的在于"预防系统故障出现"，系统故障处理需要以细致充分的"管理"工作为支撑才能高效完成
	必须掌握的理论知识	1.系统日常巡检工作的目的和主要内容 2.系统故障处理基本工作流程
	必须掌握的技能	1.掌握人脸识别系统巡检工作检查表设计方法 2.编写人脸识别系统数据分析与应用支撑平台运维手册

图 6-1　教学导航

学习情境 6.1 开展人脸识别系统日常巡检工作

学习情境 6.1
微课视频

学习情境描述

　　系统日常巡检工作的目的在于通过做好系统软硬件日常工作状态检查和保养维护，及时识别和消除系统中存在的会引发系统故障的隐患或风险，以确保系统能够持续正常运行。

　　在一个简单的人脸识别系统中，从前端各种图像采集与感知设备到中心的图像处理分析与应用支撑平台，通常会包含十多种软硬件组成部分，那么在日常巡检工作过程中，如何才能做到所有应该检查的环节都被认真检查过，所有应该养护的部件都得到了正确的养护？这时就需要"巡检工作检查表"发挥作用。

　　巡检工作检查表详细列出了针对系统每种软硬件设施设备，在日常巡检过程中应该检查和养护的内容，用于帮助运维人员规范、高效地实施日常巡检工作。所以，了解掌握人脸识别系统巡检工作检查表的编制方法，设计出合适的人脸识别系统巡检工作检查表，是开展人脸识别系统日常巡检工作的一项关键内容。

学习目标

1. 了解智能识别系统日常巡检工作的目的和主要内容。
2. 了解智能识别系统日常巡检工作方法和一般工作流程。
3. 了解人脸识别系统日常巡检工作具体要求。
4. 掌握人脸识别系统巡检工作检查表的设计方法。

任 务 书

　　园区快递人员管理系统目前已经交付给用户正式使用，你作为园区管理部负责系统运维工作的人员，部门经理要求你尽快设计好在系统日常巡检过程中，针对系统前端监控摄像机巡检工作需要使用的检查表，以便指导相关巡检工作顺利开展。

　　你接到任务后，首先要了解前端监控摄像机在园区快递人员管理系统中的具体作用，以及整个系统正常运行对摄像机工作性能的相关要求；其次要认真分析摄像机工作环境条件对其工作性能正常发挥的影响，从中提炼出巡检过程需要关注的检查细节和要完成的各项设备养护工作；最后在此基础上，你就可以根据部门经理提供的巡检工作检查表模板，完成监控摄像机巡检工作检查表的设计任务。

获取信息

引导问题 1：认识智能识别系统日常巡检工作。

（1）什么是智能识别系统日常巡检工作？它的目的是什么？

_____

_____

（2）如何开展智能识别系统日常巡检工作？

_____

_____

（3）实施系统巡检的主要工作依据是什么？

_____

_____

引导问题 2：如何设计智能识别系统日常巡检工作检查表？
（1）检查表中通常都会包含哪些内容？

_____

_____

（2）在确定检查表的具体内容时，常会参考借鉴其他哪些技术文档？

_____

_____

工作计划

1. 制定工作方案

表 6-1　工作方案

步骤	工作内容
1	
2	
3	
4	
5	

2. 确定人员分工

表 6-2　人员分工

序号	人员姓名	工作任务	备注
1			
2			
3			
4			

知识准备

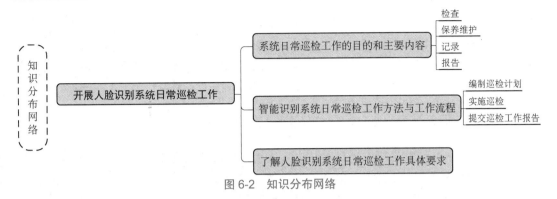

图 6-2　知识分布网络

6.1.1　系统日常巡检工作的目的和主要内容

当系统交付给用户正式投入使用后，系统运行维护工作也就相应启动。系统运维工作的目的是通过开展一系列有计划、有组织的运维活动，保证系统正常运行。为了将系统由各种原因造成的不能正常工作情况减至最低水平，系统运维工作须坚持"预防为主，管理第一"的原则。

"预防为主"就是在系统故障没有出现前，通过日常巡检，主动开展系统养护工作，及时发现和消除可能引起故障的隐患和风险。"管理第一"就是制定运维工作规范，建立运维工作团队，通过制度和资源来确保对用户故障处理请求的快速响应。

由此可见，系统日常巡检工作是系统运行维护工作的一个重要组成部分，开展这项工作的目的就是要在系统故障没有发生之前，及时发现和消除可能导致系统故障的各种隐患和风险。

系统巡检工作的内容通常包括：检查、保养维护、记录、报告，如图 6-3 所示。

（1）检查：主要是针对系统运行状态及性能进行常规检查，包括系统是否正常运行、是否有设备不在线、是否有功能不能正常使用等。为了确保在巡检过程中不遗漏关键检查内容，通常会根据系统运维管理制度和系统运维手册，针对不同的巡检对象（如硬件设备、网络、软件、数据等）制订相应的检查表，供运维人员在开展系统日常巡检工作时使用。

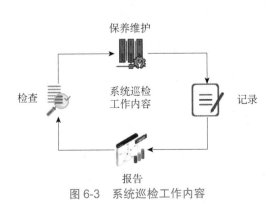

图 6-3　系统巡检工作内容

（2）保养维护：主要针对设备清洁、机械部件润滑、易损部件更换、数据清理、基础数据配置管理，以及对检查中发现的问题进行解决等。例如，对服务器机箱主板进行除尘、对发生倾斜的监视摄像机进行校正、根据部门或人员变更对系统设备访问权限进行维护、当接入系统的设备发生变化时对系统设备基础信息进行维护等。

（3）记录：主要针对巡检表中的所有检查项的实施情况及结果进行详细记录，其中包含了发现的问题及隐患的具体处理结果。巡检记录是关于系统健康状态的第一手资料，通过对巡检记录进行统计分析，有助于做好系统易发故障风险点的识别，合理安排系统运维所需备品备件的采购与储备。

（4）报告：首先，对系统的可用性、性能现状、设备完好率等进行阐述，对当前影响系统正常运行的主要因素进行分析，用于指导后续巡检工作更加高效开展；其次，针对发现的问题提出必要的系统优化建议，对在巡检过程中无法处理的问题提出专项处理意见，供上级决策参考。

在线测试 6.1.1

6.1.2　人脸识别系统日常巡检工作方法与工作流程

各种先进的智能化技术与专用设备的大量使用，让智能识别系统的运维工作相较传统的计算机信息系统而言，显得更为复杂，对运维人员的专业知识与专业技能要求也更高。为了降低系统运维工作的难度和复杂度，绝大多数智能识别系统中都包含了独立的系统运维管理模块，可以提供诸如系统设备运行状态数据采集、系统软硬件工作状态网上巡查、软硬件不正常运行状态告警、故障工单自动生成与流转、巡检表生成与流转、运维工作考核等功能。通常情况下，智能识别系统的日常巡检工作都是采用"线上+线下"的方式进行。"线上"指通过系统自带的"运维管理"模块，每天先对系统中所有设备的在线运行情况、各项应用软件的运行情况进行检查，一旦发现问题即刻开展线下工作；"线下"是指对线上检查发现的设备问题进行现场核查和解决，并在现场对设备实施规定的养护。

由于有技术和资源优势，许多智能识别系统集成商都会开展系统运维服务业务，组织专门的系统运维团队，在完成相关系统开发建设后，承担用户对外发包的系统运行维护服务项目。随着人工智能技术在各个行业领域的不断普及和推广应用，智能识别系统的专业化系统运行维护服务将会变成一个巨大的市场需求，会提供更多的就业和职业发展机会。

为了确保系统巡检工作的有序、高效、优质完成，在涉及的检查对象多、需要检查的内容宽泛（如工作状态、功能发挥、性能表现等）、需要配置资源多样的情况下，系统巡检工作更加需要加强工作的计划性和过程的可见性。因此，开展系统巡检工作的一般流程如图 6-4 所示。

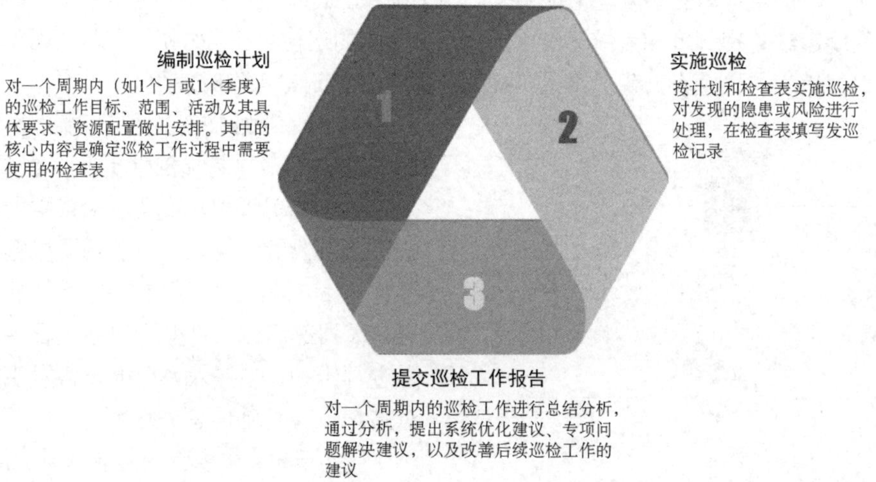

编制巡检计划
对一个周期内（如1个月或1个季度）的巡检工作目标、范围、活动及其具体要求、资源配置做出安排。其中的核心内容是确定巡检工作过程中需要使用的检查表

实施巡检
按计划和检查表实施巡检，对发现的隐患或风险进行处理，在检查表填写发巡检记录

提交巡检工作报告
对一个周期内的巡检工作进行总结分析，通过分析，提出系统优化建议、专项问题解决建议，以及改善后续巡检工作的建议

图 6-4　系统巡检工作的一般流程

6.1.3　了解人脸识别系统日常巡检工作具体要求

根据人脸识别系统的构成，系统日常巡检工作范围需要覆盖前端的人脸图像采集设备和用户的各种办公终端设备，中间的图像数据传输网络，以及后端的人脸图像分析处理与应用支撑平台。工作对象包括系统各种硬件设备、各类应用软件及系统正常运行离不开的各种基础数据。工作内容虽然通常会包括检查、保养和对发现的问题进行及时处理，但还需结合具体检查对象的特点，通过相应的巡检工作检查表进行明确。所以，科学合理地设计巡检工作检查表并以此来指导巡检工作的开展，是确保巡检工作发挥实效的前提。

既然巡检工作的目的是排除系统中存在的影响系统正常运行的隐患和风险，预防系统各种故障出现，那么我们在设计巡检工作检查表前应需要搞清楚系统有哪些功能、这些功能是通过哪些软硬件来承载和实现的、这些软硬件的正常运行又需要哪些条件来支撑等。只有先建立起了"系统功能→相关的软（硬）件→软（硬）件运行支撑条件"间的对应关系，才能从"确保与系统硬件设备、应用软件正常运行相关的所有支撑条件都处于完好状态"这一目标出发，设计出针对系统内不同硬件设备、应用软件、基础数据等对象的巡检工作检查表。

关于系统可实现的功能、相关的性能要求、系统的软硬件构成以及它们对运行使用环境的具体要求等内容，可以从系统集成商或设备供应商提供的系统（设备）操作使用手册、系统（设备）运维手册等技术文档中找到。

（1）系统可实现的功能：指在系统操作使用手册上列出的各项设备使用功能，以及各项应用软件使用功能。如人脸识别系统前端的人脸采集设备可以实现人脸图像采集、采集图像上传、采集图像本地保存三项功能；人脸识别系统后台上的人脸识别服务器可以实现设备接入管理、人脸注册数据库建立、人脸识别、人脸识别结果本地保存等功能。

（2）与功能相关的性能要求：如果说功能指标是用来表明软硬件能够做什么，那么性能指标的作用就是说明能够做到什么程度。例如，人脸采集设备具有人脸图像采集功能，那么采集的图像应该清晰、明亮、不偏色、不变形，则是对采集功能的性能要求。又如，人脸识别服务器具备基于人脸注册数据库对视频中出现的人脸进行比对和识别功能，那么能够在 1 秒钟内基于 1 个 100 万人的人脸注册数据库完成识别，则是对人脸识别功能的性能要求。

（3）系统软硬件运行使用环境：就软件而言，就是了解其部署运行环境。例如，它是安装在后台的服务器上还是安装在用户 PC 或移动设备上，它运行时依赖的操作系统及第三方软件有哪些，需要进行哪些参数配置才能正常运行等。就硬件设备而言，主要是了解它是安装在室内还是室内，有哪些外在环境因素（如光照、温度、湿度、震动、遮挡等）会影响其功能或性能的正常发挥，运行时对网络环境的要求是什么，其功能与性能的发挥需要哪些软件做支撑，需要进行哪些参数配置才能正常运行等。

巡检工作检查表原则上要求与构成系统的不同硬件设备、各种应用软件及各类基础数据一一对应，对于硬件设备种类少、应用软件功能简单、基础数据类别不多的简单系统，也可以按"硬件设备检查表""应用软件检查表""基础数据检查表"分类，各设计一张检查表即可。

检查表首先要明确其适用的对象是谁，如硬件设备、应用软件、基础数据等；其次要列出必须开展的检查内容和保养工作内容；再次要求对检查过程中发现的问题、采取的解决措施，以及问题处理结果进行记录；最后留出巡检工作人员及其负责人签字的地方，以便在进行员工工作绩效考核时使用。 设计智能识别系统巡检工作检查表时可参考使用如表 6-3 所示的模板。

在线测试 6.1.3

表 6-3 巡检工作检查表

（硬件设备/应用软件/基础数据）巡检工作检查表					
设备编号/软件版本号/基础数据存放地址		巡检日期		巡检结果（勾选）	正常（　）异常（　）
检查项	检查内容	检查结果（正常/异常）	异常状态描述	对异常状态的处理措施	异常状态处理结果
养护工作内容		养护工作频率	是否按时实施养护	巡检员（签名）	巡检负责人（签名）

相关案例

三维人脸照相机是人脸识别系统中实现人脸注册图像采集的关键设备，下面我们就以此为例，说明如何通过对设备功能、性能要求、运行环境支撑条件的详细分析，设计出适用的三维人脸照相机巡检工作检查表。

从设备的具体功能方面看，根据系统集成商提供的系统操作使用手册可知，人脸照相机的功能主要是采集注册用户人脸图像、将采集图像上传至注册服务器供注册使用、将采集图像暂存在本地以支持断点续传和查询使用这三项。首先，只有具有设备操作使用权限的人员才能对该设备进行操作，若操作人员输入用户名及密码不正确，是无法进行人脸采集操作的；其次，网络连接故障会导致采集到的人脸图像无法上传；最后，本地硬盘存储空间不足时，采集到的图像无法进行本地保存。所以，在对人脸照相机进行日常巡检时，既要对设备使用权限的配置信息进行维护，以确保有权限的人员能够正常使用，还要检查设备联网状态，并定期清理主机硬盘空间。

从设备运行时的性能要求看，根据系统集成商提供的系统操作使用手册可知，三维人脸照相机采集的人脸图像必须清晰明亮、色彩正常、形状正常无畸变或局部缺失，才能供人脸注册和识别使用。图像存在变形、模糊等质量问题，会直接影响人脸识别效果。而影响图像质量的因素主要有两个方面：一个是三维人脸照相机工作环境条件的影响；另一个则是三维人脸照相机使用时工作参数设置不合理，如焦距、光圈、白平衡等，这些内容在本书单元 2 中做过介绍。因此，为了确保人脸照相机采集到的图像质量符合要求，在对人脸照相机进行日常巡检时，除关注环境条件是否合理外，还应该认真检查核对设备工作参数的设置，确保所有工作参数都设置正确。

从设备运行使用环境看，根据系统集成商提供的系统操作使用手册可知，该设备的使用环境为室内。由于是高精度图像采集仪器，该设备在工作过程中对光照条件和震动冲击非常敏感，因此要求在使用时设备周围光照应该保持均匀，且不能受到外力振动冲击。在设备的使用注意事项中专门提出要定期清洁镜头，在受到震动冲击后要及时对设备进行重新标定。由此可见，对设备进行定期保洁和标定、保持设备工作时良好的环境光照条件等，应该纳入到设备的日常保养工作范围内。另外，设备在工作时须通过局域网以有线方式与后台应用服务器保持连接，当网络连接不畅时会影响采集图像的及时上传，导致采集到的人脸图像无法及时进入人脸注册数据库，造成人脸识别失败。所以，在日常巡检时一定要检查设备的联网状态，若出现设备不在线的情况要及时处理恢复。

综合以上分析，并将相关检查事项汇总后纳入检查范围，设计好三维人脸照相机巡检工作检查表，并完成巡检、填写完整后如表 6-4 所示。

表 6-4　三维人脸照相机巡检工作检查表

三维人脸照相机巡检工作检查表					
设备编号	SWZXJ-035	巡检日期	2023/5/16	巡检结果（勾选）	正常（），异常（√）
检查项	检查内容	检查结果	异常状态描述	对异常状态的处理	异常状态处理结果
网络通断状态	是否在线	否	设备可正常开关机，图像采集功能正常，图像上传时报"网络连接异常"错误信息。从后台"设备管理"模块中看到该设备状态为"不在线"	1. 由于能够看到其他三维人脸照相机的在线状态，故首先可以确定后台接入管理服务器及后台网络交换机运行正常，问题应该出现在前端；2. 经过现场排查前端的网络交换机及三维人脸照相机上的网卡，发现该三维人脸照相机上的网卡不能正常工作，于是对网卡进行更换	经过更换网卡，从后台"设备管理"模块中看到该设备状态为"在线"
功能发挥状态	图像采集功能是否正常	是			
	图像上传功能是否正常	否	图像采集后，单击"图像上传"按钮，屏幕显示"网络连接异常"错误信息	经过现场排查，发现该三维人脸照相机上的网卡不能正常工作，于是对网卡进行更换	经过更换网卡，图像上传功能恢复正常
	图像本地保存功能是否正常	是			

（续表）

三维人脸照相机巡检工作检查表					
设备编号	SWZXJ-035	巡检日期	2022/8/16	巡检结果（勾选）	正常（），异常（√）
检查项	检查内容	检查结果	异常状态描述	对异常状态的处理	异常状态处理结果
性能发挥状态	采集的图像是否清晰	是			
养护工作内容		养护工作频率	是否按时实施养护	巡检员（签名）	巡检负责人（签名）
硬件保养	镜头除尘	1 次/周	本周已经实施		
	重新标定	1 次/月			
软件维护	无				
数据维护	清空照相机主机上临时文件夹中暂存的图像采集数据	1 次/周	本周已经实施		

工作实施

1. 根据本书单元 2、单元 3 中对园区快递员管理系统前后端硬件设备的介绍，全面准确地了解监控摄像机在系统中的作用、性能要求及运行使用环境特点。

2. 根据监控摄像机运行使用环境条件对其工作性能可能造成的不良影响，梳理出需要认真检查的薄弱环节和需要实施的日常养护内容。

3. 结合检查表模板，完成监控摄像机巡检工作检查表设计工作。

评价反馈

表 6-5 学生自评表

学习情境 6.1 开展人脸识别系统日常巡检工作				
序号	评价项目	评价标准	分值	得分
1	掌握系统日常巡检工作基本概念	能够正确阐述系统日常巡检工作的目的和主要工作内容	10	
2	了解系统日常巡检工作的方法	能够说出实施系统日常巡检工作的一般方式和流程	10	
3	掌握智能识别系统日常巡检基本要求	能够说出智能识别系统日常巡检工作范围、工作对象及具体要求	20	
4	了解巡检工作检查表的用途和内容	能够正确阐述巡检工作检查表的用途和应该包含的主要内容	20	
5	具备设计智能识别系统巡检工作检查表的能力	能够结合智能识别系统相关硬件设备的作用、性能要求及工作环境特点，设计出适用的巡检工作检查表	40	
		合计	100	

表 6-6　学生互评表

序号	评价项目	分值	等级				评价对象			
	学习情境 6.1　开展人脸识别系统日常巡检工作		优	良	中	差	1	2	3	4
1	能够正确阐述系统日常巡检工作的目的和主要工作内容	10	10	8	6	4				
2	能够说出实施系统日常巡检工作的一般方式和流程	10	10	8	6	4				
3	能够说出智能识别系统日常巡检工作范围、工作对象及具体要求	20	20	16	12	8				
4	能够正确阐述巡检工作检查表的用途和应该包含的主要内容	20	20	16	12	8				
5	能够结合智能识别系统相关硬件设备的作用、性能要求及工作环境特点，设计出适用的巡检工作检查表	40	40	32	24	16				
	合计	100								

表 6-7　教师评价表

序号	评价项目		评价标准	分值	得分
	学习情境 6.1　开展人脸识别系统日常巡检工作				
1	考勤（20%）		无无故迟到、早退、旷课现象	20	
2	工作过程（40%）	准备工作	能够从不同渠道收集查阅资料，了解掌握监控摄像机在日常使用过程中应该实施的保养措施	10	
		工具使用	能够借助厂商提供的监控摄像机操作使用手册和巡检工作检查表模板，完成监控摄像机巡检工作检查表设计任务	10	
		工作态度	能够按要求及时完成上述检查表设计工作	10	
		工作方法	遇到问题能够及时与同学和教师沟通交流	10	
3	工作结果（40%）	文档内容	检查表关键内容完整	5	
			检查表关键内容正确	5	
		文档质量	所列检查项基本覆盖了监控摄像机在运行过程中容易出现问题的环节	10	
			所列养护工作内容基本覆盖了容易影响监控摄像机工作性能正常发挥的环节	10	
		工作结果展示	能够准确表达、汇报工作成果	10	
	合计			100	

拓展思考

请通过上网收集资料，根据园区快递人员管理系统的拓扑结构图及人脸识别服务器功能介绍，对系统中所使用的人脸识别服务器设计出相应的巡检工作检查表。

学习情境 6.2　做好人脸识别系统故障诊断和排除

学习情境描述

学习情境 6.2
微课视频

当接到用户的故障处理请求后，如何根据用户的描述，快速作出准确的故障类别（如硬件故障、软件故障等）及成因判断，以便指导用户进行及时处理；或是将其指派给合适的运维人员进行对接处理；或是立即着手制订故障排除方案，开展故障排除工作。问题的答案是：学习掌握系统运维工作手册。

系统运维工作手册在全面介绍系统的结构、功能性能指标、软硬件构成与配置的基础上，对系统在运行过程中容易出现的各种故障及处理方法进行了详细描述，它是系统运维人员规范、高效开展系统故障处理工作的重要依据。因此，学习掌握系统运维工作手册的编写与使用方法，是我们正确履行系统运维工作职责的一项必备技能。

学习目标

1. 了解系统故障处理基本工作流程与工作方式。
2. 掌握人脸识别系统常见故障及具体处理方法。
3. 学习编写人脸识别系统数据分析与应用支撑平台运维手册。

任务书

园区快递人员管理系统已经交付给用户正式使用，你作为园区管理部系统运维工作负责人，部门经理要求你务必全面了解掌握园区快递人员管理系统的结构、功能、关键性能指标、具体操作使用方法，以及软硬件构成，在此基础上做好系统运维工作管理制度建设，明确运维工作标准及流程，并编写好数据分析与应用支撑平台运维工作手册，用于帮助和指导系统运维人员，在处理平台故障过程中能够快速定位故障原因，制定合理的故障排除方案，迅速排除故障，使平台恢复正常工作。

你接到任务后，首先要了解数据分析与应用支撑平台在园区快递人员管理系统中的具体作用，以及其软硬件特点；其次要认真分析数据分析与应用支撑平台工作环境特点及其对平台健康状态的影响；最后结合平台各种软硬件设施设备在运行过程中容易出现故障的环节，梳理出相应诊断与处理流程，完成数据分析与应用支撑平台运维手册设计编写任务。

获取信息

引导问题 1：如何高效开展智能识别系统故障处理工作？

（1）智能识别系统故障处理的基本工作流程是什么？

_____

_____

（2）开展智能识别系统故障处理工作的具体方式有哪几种？

_____

_____

（3）实施智能识别系统故障诊断与排除工作的主要依据是什么？

_____

_____

引导问题 2：如何编写人脸识别系统运维工作手册？

（1）系统运维工作手册中通常都会包含哪些内容？

_____

_____

（2）在设计编写人脸识别系统运维手册时应该注意哪些问题？

_____

_____

工作计划

1. 制定工作方案

表 6-8　工作方案

步骤	工作内容
1	
2	
3	
4	
5	

2. 确定人员分工

表 6-9　人员分工

序号	人员姓名	工作任务	备注
1			
2			
3			
4			

知识准备

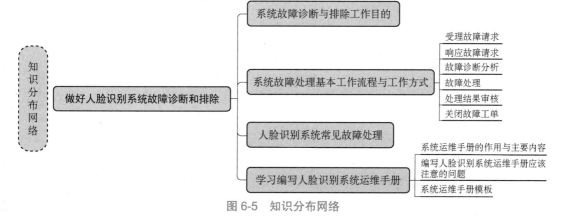

图 6-5　知识分布网络

6.2.1 系统故障诊断与排除工作目的

在线测试 6.2.1

通过分析排查，对导致系统故障的因素进行定位，并采取措施进行消除，使系统恢复正常运行，确保用户业务正常开展。

6.2.2 系统故障处理基本工作流程与工作方式

系统故障处理基本工作流程如图 6-6 所示。

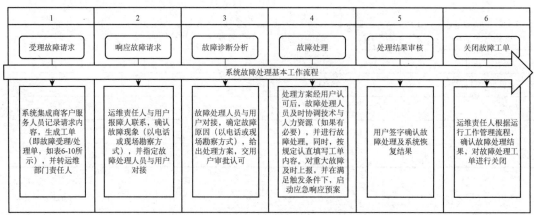

图 6-6 系统故障处理基本工作流程

一般情况下故障受理/处理单应该包含的内容：用户单位名称、报障人姓名及联系电话、故障系统名称、安装地点、故障现象（如监控视频无画面、人脸识别功能失效、人员通行闸机不开启等）、受理时间、故障原因、故障处理工作内容、处理结果及完成时间、处理责任人及联系电话、用户确认等。

表 6-10 故障受理/处理单

故障受理/处理单			
用户名称		报障人/电话	
系统名称		故障发生时间	
故障现象			
受理人		受理时间	
派单时间			
（以上由负责故障受理的客户服务人员填写）			
故障定位	前端：□　　　　　后端：□ 硬件设备：□　　应用软件：□　　通信线路：□		
故障原因分析			
故障处理详细过程			
故障处理结果	故障已排除：是□，否□ 系统已恢复正常：是□，否□	故障处理结束时间	
预防措施及建议			

（续表）

故障受理/处理单		
（以上由运维部门故障处理人员填写）		
用户确认故障处理结果并签字	用户签字：	用户确认时间

正如我们在本单元学习情境 6.1 中给大家介绍的那样，系统运维工作目前已经成为一项与系统开发建设相伴而行的服务性工作。系统集成商在完成系统建设后，大多都会继续承接用户发包的系统运行维护服务项目，并在内部建立专门的业务部门，通过构建规范化的系统运维服务业务标准、工作流程和业务团队，对外开展专业化系统运维服务业务。

另外，为了方便系统运行维护，用户一般都会要求开发商提供系统运维应用软件，或在交付的系统中应该包含系统运行维护功能模块，实现系统运维工作网上自动流转，可有效提高系统运维工作效率。

在系统运维服务过程中，对用户提出的故障处理请求，一般都是采用"电话指导+现场处置"的方式进行处理。对无须复杂过程就可以判明原因且容易处理恢复的故障，一般由运维服务供应商人员通过电话指导用户人员处理；对无法通过电话指导解决的故障，必须根据服务合同约定，在规定的时间内由运维服务供应商安排专业技术人员赴用户现场进行处理。

在线测试 6.2.2

6.2.3　人脸识别系统常见故障处理

人脸识别系统具有下列特点：①通过图像识别技术、计算机网络通信技术、分布式多层体系结构应用软件开发技术的综合运用，实现系统的正常运行；②图像识别技术是实现系统业务功能的关键；③支撑图像识别技术运用的设备，如图像采集设备、图像数据处理分析 GPU 服务器等是系统的关键设备；④与图像采集、图像存储管理、图像分析识别相关的应用软件是系统的核心应用软件。

在线测试 6.2.3

根据人脸识别系统的一般结构和上述特点，结合近年来各类人脸识别系统在实际应用过程的具体表现，我们为大家收集整理了一个人脸识别系统常见故障及处理办法清单，如表 6-11 所示，供大家学习参考。

表 6-11　人脸识别系统常见故障及处理办法

序号	故障现象	处理办法及流程	备注
1	三维人脸照相机采集生成的人脸图像存在局部缺失现象	1. 检查三维人脸照相机工作环境光线是否均匀； 2. 检查人脸照相机补光灯是否开启； 3. 重新进行左右采集单元标定	人脸采集设备不能正常工作
2	进入系统后无法搜索到人脸监控摄像机	1. 检查摄像机的 IP 地址是否正确； 2. 从系统管理平台上 ping 摄像机，检查网络是否连接正常； 3. 使用设备厂商提供的测试软件查找问题，并进行处理	
3	人脸监控摄像机与视频服务器连接后画面卡顿	1. ping 摄像机 IP 地址观察是否有出现延迟或者丢包的现象，如果出现，则是带宽不足造成的；如果没有，有可能是后端的管理电脑配置过低引起的。 2. 将摄像机单独与 PC 连接观察实时图像是否顺畅，若顺畅，则可能是交换机的数据交换能力或网线质量引起的；若不流畅，则可以将摄像机帧率、分辨率、码流等降低观察，并重新设定这些工作参数	

（续表）

序号	故障现象	处理办法及流程	备注
4	人脸监控摄像机图像黑屏	1. 检查摄像机电源是否接好； 2. 检查摄像机电源电压是否满足要求； 3. 将摄像机与PC连接，如出现图像，则检查摄像机IP地址是否与其他摄像机有冲突，其次检查带宽是否达到上限； 4. 若摄像机采用PoE供电，请确认网线质量是否达标	人脸采集设备不能正常工作
5	人脸监控摄像机图像出现条纹	1. 检查线材质量，质量较差的线材在传输过程中易出现被干扰现象，更换线材后对摄像机进行连接测试并观察效果； 2. 检查摄像机及连接线周边是否有强磁场源，如大功率电动机、高频发射机等，这些都会对摄像机产生干扰致使监控摄像机图像出现条纹； 3. 检查传输线路是否过长	
6	人脸监控摄像机图像时有时无	1. 检查摄像机电源电压供应是否稳定； 2. 检查摄像机网线水晶头是否松动； 3. 检查摄像机电源线是否有断线、接触不良； 4. 检查网络带宽是否达到上限	
7	人脸识别速度慢	1. 检查人脸识别GPU服务器硬件资源（CPU、GPU、内存、磁盘空间）的使用是否达到上限； 2. 检查网络是否延迟	人脸识别平台工作不正常
8	无人脸识别结果显示	1. 查看人脸识别GPU服务器是否在线； 2. 检查人脸监控摄像机是否正常接入； 3. 检查人脸识别服务器上的视频解码服务是否正常运行； 4. 必要时候，重启视频解码服务	
9	人脸注册失败	1. 检查部署有人脸注册服务的应用服务器是否工作正常； 2. 检查人脸注册服务是否在线并正常提供服务； 3. 查看应用服务器日志，根据报错信息排查问题； 4. 必要时候，重启人脸注册服务	
10	查询不到人脸识别记录	1. 检查有人脸识别系统数据库服务器是否工作正常； 2. 检查用于保存人脸识别记录的数据库管理软件配置是否正确； 3. 查看是否正常重启并可使用navicat工具连接	

6.2.4 学习编写人脸识别系统运维手册

1. 系统运维手册的作用与主要内容

通过对系统总体结构、组成部分、功能要素、性能要求、运行支撑环境配置、系统日常巡检要求、系统常见故障及处理办法等内容的详细描述，为系统运维人员规范开展系统日常巡检工作、准确识别故障原因、快速排除故障提供指导和支撑。

2. 编写人脸识别系统运维手册应该注意的问题

（1）内容要全面。要结合系统日常巡检和系统故障处理两方面工作，针对人脸识别系统各个子系统容易出现问题的环节，全面梳理手册应该包含的内容，切实使运维手册成为系统运维人员的工作依据和工作支撑。

（2）内容要详细。要对人脸识别系统的总体结构、软硬件组成、软硬件运行环境配置进行详细描述，以便为运维人员快速定位故障原因、合理制订故障排除方案提供准确的信息。

（3）要以图文并茂的方式显现手册内容。最好采用系统拓扑图、工作流程图对系统总体结构、故障处理工作步骤进行描述，以便运维人员迅速掌握。

（4）要及时对手册内容进行更新。在系统生命周期内，每次进行系统软硬件更新升级后，要及时对运维手册中的相关内容进行同步更新，确保手册中对系统现状的描述与实际情况相一致。

3. 运维手册模板

在编写人脸识别系统运维手册时，可参考使用以下文档模板。

《×××系统运维手册》

1. 系统总体结构

说明系统的结构，如系统由哪些子系统构成，并给出系统网络拓扑图。

2. 系统组成部分

2.1 硬件设备清单

以表格的方式，给出系统包含的所有类型硬件设备，并明确实际部署数量。

2.2 应用软件清单

以表格的方式，给出系统包含的各类应用软件，并明确实际部署位置。

3. 系统功能

以文字或图表方式说明系统的各项功能及其实现方式。例如：

序号	功能项	功能简介	功能实现方式
1	人脸图像采集	采集用于构建人脸注册数据的目标人员人脸图像	使用系统配置的人脸照相机完成人脸图像采集
2	人脸注册	将质量合格的人脸采集图像输入人脸注册数据库	由"园区人员出入管理"应用软件中的"人脸注册管理"模块实现
3	人脸识别	对监控视频画面中出现的人脸进行识别并给出识别结果	由"园区人员出入管理"应用软件中的"人脸识别服务"模块实现
……	……	……	……

4. 系统主要性能指标

针对各项功能给出相对应的性能指标，例如：

- 人脸照相机可在 0.1 秒内完成人脸图像采集；
- 人脸注册数据库最多可存放 1 万张目标人员的二维人脸照片（.jpg）；
- 系统可同时接入处理 120 路高清监控视频进行人脸识别；
- ……

5. 系统软硬件运行环境配置

5.1 硬件设备的安装与配置

对系统包含的所有硬件设备逐个说明其上安装运行的各种软件及安装过程、需要配置的参数及配置步骤，以及安装配置过程中需要注意的问题。

5.2 应用软件的安装与配置

对系统包含的所有应用软件逐个说明其运行环境要求（含操作系统、第三方依赖软件）及安装步骤、需要配置的参数及配置步骤，以及安装配置过程中需要注意的问题。

6. 系统日常巡检要求

明确系统日常巡检工作内容及要求，可针对硬件设备、应用软件、基础数据分类依次说明。

6.1 硬件设备巡检要求

对系统包含的各种硬件设备的巡检工作内容及要求进行说明。

6.2 应用软件巡检要求

对系统包含的各应用软件的巡检工作内容及要求进行说明。

6.3 基础数据巡检要求

对支撑系统正常运行的各种基础数据的巡检工作内容及要求进行说明。

7. 系统常见故障及处理办法

对系统常见的各类故障及排除方法按前端设备、网络设备、平台设备、应用软件功能依次进行说明。

7.1 故障 1 名称

7.1.1 原因分析

7.1.2 处理方法及步骤

7.2 故障 2 名称

......

7.3 故障 3 名称

......

8. 售后服务事项与联系电话

给出售后服务工作流程、售后服务联系人姓名及联系电话，方便用户在遇到系统使用问题或系统故障时快速进行联系。

在线测试 6.2.4

相关案例

下面是一个由系统集成商编写的三维动态人脸识别服务平台运行维护手册，供大家学习参考。

《三维动态人脸识别服务
平台运行维护手册》

工作实施

1. 根据本书单元 2、单元 3 中对园区快递员管理系统前后端硬件设备的介绍，全面准确地了解数据分析与应用支撑平台在系统中的作用、性能要求及运行使用环境特点。

2. 结合园区快递员管理系统数据分析与应用支撑平台运行环境条件，以及平台中各类设备的运行使用特点，梳理出平台软硬件在日常运行过程中容易出现的各类故障，并通过查找收集资料和与有经验的专业技术人员沟通讨论，设计出合理的解决方案。

3. 参考系统运维手册模板，完成园区快递员管理系统数据分析与应用支撑平台运维手册设计工作。

评价反馈

表 6-12 学生自评表

序号	评价项目	评价标准	分值	得分
	学习情境 6.2 做好人脸识别系统故障诊断和排除			
1	掌握系统故障诊断和排除工作基本概念	能够正确阐述系统故障诊断和排除工作的目的和主要工作内容	10	
2	了解开展系统故障诊断和排除工作的方式和方法	能够说出响应用户请求开展系统故障诊断和排除工作的具体方式和基本流程	20	
3	了解系统运维工作手册的用途和内容	能够正确阐述系统运维工作手册的用途和应该包含的主要内容	10	
4	掌握系统运维工作手册的方法	能够正确阐述在编写系统运维工作手册时应该注意的问题	20	
5	具备设计人脸识别系统运维工作手册的能力	能够结合任务书要求，设计出适用的人脸识别系统运维工作手册	40	
	合计		100	

表 6-13 学生互评表

序号	评价项目	分值	等级				评价对象			
			优	良	中	差	1	2	3	4
	学习情境 6.2 做好人脸识别系统故障诊断和排除									
1	能够正确阐述系统故障诊断和排除工作的目的和主要工作内容	10	10	8	6	4				
2	能够说出响应用户请求开展系统故障诊断和排除工作的具体方式和基本流程	20	20	16	12	8				
3	能够正确阐述系统运维工作手册的用途和应该包含的主要内容	10	10	8	6	4				
4	能够正确阐述在编写系统运维工作手册时应该注意的问题	20	20	16	12	8				
5	能够结合任务书要求，设计出适用的人脸识别系统运维工作手册	40	40	32	24	16				
	合计	100								

表 6-14 教师评价表

序号	评价项目		评价标准	分值	得分
	学习情境 6.2 做好人脸识别系统故障诊断和排除				
1	考勤（20%）		无无故迟到、早退、旷课现象	20	
2	工作过程（40%）	准备工作	能够从不同渠道查阅收集资料，了解掌握各种服务器硬件设备在日常使用过程中，容易出现的问题和相应解决办法	10	
		工具使用	能够借助厂商提供的系统操作使用手册和系统运维手册模板，完成园区快递员管理系统数据分析与应用支撑平台运维手册设计任务	10	
		工作态度	能够按要求及时完成上述运维手册设计工作	10	
		工作方法	遇到问题能够及时与同学和教师沟通交流	10	

（续表）

序号	评价项目		评价标准	分值	得分
			学习情境 6.2　做好人脸识别系统故障诊断和排除		
3	工作结果 （40%）	文档内容	系统运维手册关键内容完整	5	
			系统运维手册关键内容正确	5	
		文档质量	所列故障清单基本覆盖了人脸识别系统数据分析与应用支撑平台在运行过程中容易出现问题的环节	10	
			系统给出的故障诊断与排除方法可操作性强	10	
		工作结果 展示	能够准确表达、汇报工作成果	10	
			合计	100	

拓展思考

请通过上网收集资料，根据园区快递人员管理系统的拓扑结构图及人脸识别服务器功能介绍，结合上面提供的模板，编写人脸识别服务器运维手册。

附录 《智能识别系统实现实训》1+X 对照表

教材学习单元	教材学习情境	序号	本单元工作任务及知识点	计算机视觉应用开发职业技能等级要求（高级）	人工智能前端设备应用职业技能等级要求（中级）	智能计算平台应用开发（中级）	智能计算平台应用开发（高级）
单元1: 智能识别系统解决方案设计	学习情境1.1: 编写智能识别系统解决方案	1	工作任务: 编制智能识别系统解决方案				
		2	智能识别系统基本概念				
		3	智能识别系统的基本结构与工作原理				
		4	常见的智能识别系统类型				
		5	智能识别系统建设主要工作内容				
单元2: 使用数字成像设备获取图像数据	学习情境2.1: 使用高清摄像机采集获取图片	1	工作任务: 通过 Python 编程开发一个人脸抓拍图片质量筛查软件, 该软件能够对监控摄像头拍到的行人脸部照片进行接收, 查看, 并将其中符合识别输入要求的照片保存到指定的数据库文件中, 供后续比对识别应用		1.1.2 能使用工具软件或测试脚本, 检测视觉设备的图像采集, 显示功能是否正常		
		2	图像数据基本概念				
		3	数字化成像设备及其工作原理				
		4	使用高清摄像机为智能图像识别系统抓拍需要的图片				

（续表）

教材学习单元	教材学习情境	序号	本单元工作任务及知识点	计算机视觉应用开发职业技能等级要求（高级）	人工智能前端设备应用职业技能等级要求（中级）	【智能计算平台应用开发】（中级）	【智能计算平台应用开发】（高级）
	学习情境 2.2：使用高清数字摄像机采集的视频	5	工作任务：通过 Python 编程开发一个监控视频查看软件，该软件能够对监控摄像机采集的视频进行接收、查看	2.1.1 能够对数据进行加载和存储；2.1.4 能够进行数据可视化			
		6	视频及其基本属性				
		7	视频的采集与输出				
		8	视频质量				
		9	影响视频质量的因素				
		10	接收摄像机采集的视频数据	3.1.10 能够进行视频操作和分析			
单元 2：使用数字成像设备获取图像数据	学习情境 2.3：三维图像数据采集	11	工作任务：通过 Python 编程开发一个三维人脸采集数据查看软件，该软件能够读取并显示采集到的三维人脸数据，以便判断其是否符合采集质量要求	2.1.1 能够对数据进行加载和存储；2.1.4 能够进行数据可视化			
		12	三维图像基本概念				
		13	常见三维图像传感设备种类及其成像原理				
		14	三维人脸识别技术与应用				
		15	使用三维人脸相机采集三维人脸数据				
		16	如何衡量三维图像数据质量				
		17	通过 Python 编程实现三维图像数据的接收、显示和保存功能				

（续表）

教材学习单元	教材学习情境	序号	本单元工作任务及知识点	计算机视觉应用开发职业技能等级要求（高级）	人工智能前端设备应用职业技能等级要求（中级）	【智能计算平台应用开发】（中级）	【智能计算平台应用开发】（高级）
单元3：搭建智能图像识别系统数据分析应用支撑平台	学习情境3.1：分析需要配置的服务器类别	1	工作任务：对搭建该系统管理后台需要部署的服务器进行规划，明确系统需要配置的服务器类别、编写"园区人脸识别系统服务器配置说明"文档				
		2	认识服务器				
		3	服务器主要组件和关键技术参数				
		4	服务器操作系统				
		5	基于技术架构及用途的服务器分类				
		6	服务器应用部署架构				
		7	如何制定智能识别系统的服务器配置方案				
	学习情境3.2：确定需要配置的服务器数量及其技术参数	8	工作任务：对各种类型服务器要配置的数量及主要技术参数要求进行规划，提交"园区人脸识别系统服务器配置方案"				
		9	服务器性能评价指标				
		10	基于综合性能和外观差异的服务器分类				
		11	影响服务器配置方案的关键因素：用户的业务需求				

（续表）

教材学习单元	教材学习情境	序号	本单元工作任务及知识点	计算机视觉应用开发职业技能等级要求（高级）	人工智能前端设备应用职业技能等级要求（中级）	【智能计算平台应用开发】（中级）	【智能计算平台应用开发】（高级）
单元3：搭建智能图像识别系统数据分析与应用支撑平台	学习情境3.3：优化服务器配置方案	12	工作任务：优化系统服务器配置方案，实现提升方案性价比的目标				
		13	影响服务器配置方案的关键因素：系统建设成本				
		14	如何完成服务器的选型				
单元4：开发智能图像识别应用软件	学习情境4.1：人脸识别应用软件需求分析与设计	1	工作任务：完成"园区快递人员管理系统"应用软件需求分析与概要设计				
		2	人脸识别系统工作原理				
		3	软件需求分析				
		4	软件概要设计				
	学习情境4.2：实现人脸数据采集与管理功能模块	5	工作任务：对"人脸图像数据采集与管理"功能模块进行详细设计并编码实现	1.1.1 能够使用 Python 的变量 1.1.2 能够编写 Python 函数 1.1.3 能够使用 Python 处理文件和异常		4.2.1 能根据业务设计文档，运用通用型计算资源，使用通用型编程工具（如 Python, Java 等）实现人工智能的具体功能模块的开发工作	
		6	软件详细设计				
		7	用户界面开发				
		8	利用三维图像采集设备SDK进行二次开发				
	学习情境4.3：实现人脸识别功能模块	9	工作任务：对"人脸注册与识别管理"功能模块进行详细设计并编码实现			4.2.2 能根据业务设计文档，使用异构型计算资源，运用识别型GPU服务器，运用编程工具（如 Python, Java 等）实现人工智能的具体功能模块的开发工作	
		10	软件接口基本概念				

（续表）

教材学习单元	教材学习情境	序号	本单元工作任务及知识点	计算机视觉应用开发职业技能等级要求（高级）	人工智能前端设备应用职业技能等级要求（中级）	【智能计算平台应用开发】（中级）	【智能计算平台应用开发】（高级）
单元4: 开发智能图像识别应用软件	学习情境4.3: 实现人脸识别功能模块	11	认识RESTful架构				
		12	为什么采用RESTful架构设计软件接口				
		13	人脸识别服务平台API接口的特点				
单元5: 智能图像识别系统集成与部署	学习情境5.1: 人脸识别应用软件集成	1	工作任务：以界面集成的方式，将开发好的"人脸图像数据采集与管理"及"人脸注册识别结果集成"两个功能模块集成为一个统一可视一运行的"人脸采集与注册"子系统				
		2	软件集成				
		3	软件集成测试				
	学习情境5.2: 人脸识别应用系统硬件设备集成	4	工作任务：编写此次设备集成的具体工作方案，用于组织实施完成的设备集成工作，并针对完成的设备集成工作，提交集成成测试报告		1.2.3 能根据不同设备的连接，判断并使用正确的通信方式（如串口、Wifi、以太网等），正确配置通信参数，完成AI边缘网关与视觉设备、语音设备、传感设备、执行设备之间的连接。 1.3.1 能进行AI边缘网关与视觉设备、语音设备、传感设备，执行设备之间的调试操作，完成设备连线排错	4.2.3 能根据产品需求，独立完成产品测试方案及产品测试用例的编写，以及测试环境搭建。 4.2.4 能根据测试计划，运用测试工具或自动化测试脚本，独立完成算法功能、性能和有效性的测试。 4.2.5 能运用文档的编写范式和技巧，完成产品测试报告的编写	
		5	硬件集成基本概念				
		6	硬件设备集成内容及流程				
		7	制订合理的集成工作方案				
		8	集成测试报告				2.2.3 能运用文档或模板，独立完成系统调测的常规文档的编写、优化和归档

（续表）

教材学习单元	教材学习情境	序号	本单元工作任务及知识点	计算机视觉应用开发职业技能等级要求（高级）	人工智能前端设备应用职业技能等级要求（中级）	【智能计算平台应用开发】（中级）	【智能计算平台应用开发】（高级）
		9	局域网				
		10	工作任务：编写"人脸采集与注册"软件子系统部署方案		1.2.1 能根据现场环境，选择合适的工具，将智能前端设备各个部件安装到合适的位置。1.3.2 能根据现场环境及设备调试反馈结果，通过对安装位置、高度、角度、亮度、完度进行调整，完成AI边缘装置的调试操作、语音设备、语音设备之间的调试识别网关与视觉设备、满足检测识别要求。	1.1.1 能根据人工智能开发环境需求，独立完成人工智能软件库的安装配置，如TensorFlow、PyTorch等。1.1.2 能运用IDE集成开发环境的基础知识，协助业务开发人员完成IDE开发环境（如Pycharm、Eclipse）的基础软件安装和基础配置	1.1.1 能独立完成IDE集成软件开发环境（如Pycharm、Eclipse）的软件安装和高级功能参数配置
单元5：智能图像识别系统集成与部署	学习情境5.3：人脸识别应用系统部署与试运行	11	智能图像识别系统的部署与试运行		2.1.1 能安装或卸载系统，解决安装过程中缺少依赖库、运行库等异常问题，完成应用系统参数的配置。2.2.1 能在服务器系统下，安装服务器操作系统，应用完成服务器端数据库、应用程序、运行依赖组件的安装与配置，解决安装过程中出现的常见异常问题		
		12	系统部署工作方案编制				
		13	智能图像识别系统的系统测试		2.1.2 能在应用系统正确设置服务器端、API接口地址、数据库地址，验证应用系统接口是否能正常访问。2.1.3 能在应用系统中，正确设置边缘端模型文件路径，验证模型接口是否能正常调用	1.1.3 能根据业务需求设计，独立完成应用集成软件环境的高级配置和调测	2.2.3 能运用文档开发工具或模板，独立完成系统调测的常规文档的编写、优化和归档

（续表）

教材学习单元	教材学习情境	序号	本单元工作任务及知识点	计算机视觉应用开发职业技能等级要求（高级）	人工智能前端设备应用职业技能等级要求（中级）	【智能计算平台应用开发】（中级）	【智能计算平台应用开发】（高级）
单元6：智能图像识别系统运行维护	学习情境6.1：开展人脸识别系统工作日常巡检工作	1	工作任务：设计"监控摄像机巡检工作检查表"			2.1.1 能根据业务的设计要求，运用产品厂商配套的系统管理工具，独立完成智能计算平台的存储资源扩容和升级改造等操作	2.1.1 能根据业务设计的要求，运用产品厂商提供的系统管理工具，实现智能计算平台的整体状态监控、资源管理、系统调优等
		2	系统日常巡检工作的目的和主要内容				
		3	智能识别系统日常巡检工作方法与工作流程			2.1.2 能根据业务的设计要求，运用产品厂商配套的系统管理工具，独立完成智能专用型服务器（如GPU加速型服务器、鲲鹏系列服务器、昇腾系列服务器等）的系统运行状态监控与巡检、性能分析与优化、安全加固、故障分析与操作等	
		4	了解人脸识别系统日常巡检工作具体要求				
	学习情境6.2：做好人脸识别系统故障诊断和排除	5	工作任务：编写应用与运维平台运维工作手册			2.1.3 能运用项目文档编写工具和模板，独立整理和编写智能计算平台的运维报告文档和技术支持文档	2.1.3 能运用文档开发工具或模板，独立完成智能计算平台相关文档的编写、优化和归档
		6	系统故障诊断与排除工作目的			2.2.1 能运用系统故障处理的常用方法和工具，独立分析故障的原因，提出改进建议和方法措施	
		7	系统故障处理基本工作流程与工作方式			2.2.2 能根据厂商提供的系统故障诊断工具和系统自带的故障诊断命令或功能，对系统发生的突发事件做应急处理，保障系统的稳定运行	

（续表）

教材学习单元	教材学习情境	序号	本单元工作任务及知识点	计算机视觉应用开发职业技能等级要求（高级）	人工智能前端设备应用职业技能等级要求（中级）	【智能计算平台应用开发】（中级）	【智能计算平台应用开发】（高级）
单元 6: 智能图像识别系统运行维护	学习情境 6.2: 做好人脸识别系统故障诊断和排除	8	人脸识别系统常见故障处理				
		9	人脸识别系统运维手册编写			2.1.3 能运用项目文档编写工具和模板，独立整理和编写智能计算平台文档和技术支持文档报告文档	2.1.3 能运用文档开发工具或模板，独立完成智能计算平台系统的运维管理相关文档的编写，优化文档和归档

备注：不涉及 AI 边缘网关与语音语音识别设备之间的连接，以及智能计算平台的系统调优内容。